Sarodee Boruah
Pranab Dutta

Bioformulação de Metarhizium anisopliae para a gestão da ervilha-de-corda

Sarodee Boruah
Pranab Dutta

Bioformulação de Metarhizium anisopliae para a gestão da ervilha-de-corda

ScienciaScripts

Imprint
Any brand names and product names mentioned in this book are subject to trademark, brand or patent protection and are trademarks or registered trademarks of their respective holders. The use of brand names, product names, common names, trade names, product descriptions etc. even without a particular marking in this work is in no way to be construed to mean that such names may be regarded as unrestricted in respect of trademark and brand protection legislation and could thus be used by anyone.

Cover image: www.ingimage.com

This book is a translation from the original published under ISBN 978-3-659-82511-8.

Publisher:
Sciencia Scripts
is a trademark of
Dodo Books Indian Ocean Ltd. and OmniScriptum S.R.L publishing group

120 High Road, East Finchley, London, N2 9ED, United Kingdom
Str. Armeneasca 28/1, office 1, Chisinau MD-2012, Republic of Moldova, Europe
Printed at: see last page
ISBN: 978-620-8-13238-5

BIOFORMULAÇÃO DE *Metarhizium anisopliae* PARA A GESTÃO DA DOENÇA MOSAICA DA VACA

Por :

Sarodee Boruah

Pranab Dutta

Dedicado à minha falecida avó

RECONHECIMENTO

É com imenso prazer que a autora tem o privilégio de exprimir o seu mais profundo sentimento de gratidão e de dívida para com o seu principal conselheiro, o Dr. Pranab Dutta, Cientista, Departamento de Patologia Vegetal, Universidade Agrícola de Assam, Jorhat, pelo seu grande interesse, incitamento entusiástico, motivação inspiradora, sugestão inovadora e orientação durante o período de experimentação e preparação do manuscrito. Foi o seu zelo e entusiasmo que permitiram ao autor concluir os trabalhos.

A autora estende a sua sincera gratidão e profundo apreço aos membros do comité consultivo, Dr. B.C. Das, Professor, Departamento de Patologia Vegetal, Dr. P. Deb Nath, Professor, Departamento de Patologia Vegetal, Dr. K.C. Dutta, Cientista, Departamento de Estatística Agrícola e Dr. P. Das, Professor Assistente, Departamento de Entomologia, Universidade Agrícola de Assam, Jorhat, pelos seus conselhos generosos, sugestões valiosas e ajuda durante o curso do estudo, bem como na preparação do manuscrito.

O autor está muito grato ao Dr. K.C. Puzari, Professor e Diretor do Departamento de Patologia Vegetal, ao Reitor da Faculdade de Agricultura e ao Dr. C. Hazarika, Diretor de Estudos de Pós-Graduação, Universidade Agrícola de Assam, Jorhat, por ter disponibilizado as instalações necessárias durante o curso da experimentação.

O autor agradece ao Dr. A. Sarmah, Cientista Sénior, Departamento de Agronomia, ao Dr. R. Das, Professor Associado, Departamento de Fisiologia das Culturas e a outras faculdades do Departamento de Fitopatologia, AAU, Jorhat, pela sua ajuda na realização da investigação, sempre que solicitada.

O autor agradece à Universidade de Tezpur, Departamento de Física, pela sua ajuda na realização do trabalho de investigação.

Os seus sinceros agradecimentos a Jayarani Pegu, Apurba Das, Rajib Sahu, Manshi Debbarma, Nabanita Nath, Barsha Baruah, Ranima Mishra, Rinku Sarkar, Gyanashree Das, Rouji Dutta, Deepjyoti Chutia, Martin Lakra e a todos os outros amigos pelo apoio e ajuda que lhe deram de várias formas.

A autora agradece ao "M/S Digital Photo and Printing Centre", AAU Road, Jorhat, por ter dactilografado o manuscrito num curto espaço de tempo.

A autora afirma a sua profunda consideração; o endividamento expressa o seu caloroso sentimento de apreço e obrigação para com os seus queridos pais e todos os outros membros da família pelo seu apoio moral, sacrifício silencioso e bênçãos para um futuro frutuoso.

Por último, mas não menos importante, a autora expressa os seus sinceros agradecimentos a Deus Todo-Poderoso por sincronizar as coisas em harmonia.

Datado: Jorhat

O.................julho de 2014 *O autor*

RESUMO

Foram preparadas duas bioformulações de *Metarhizium anisopliae:* um concentrado em suspensão e uma formulação líquida (alterada com óleos e adjuvantes). Seis óleos, *nomeadamente* os óleos de girassol, cártamo, soja, mostarda, aracnídeo e coco, em três concentrações diferentes, 0,1, 0,5 e 1,0 por cento, e três adjuvantes, nomeadamente glicerol @ 5, 8 e 10 por cento; tween-80 @ 0,02, 0,04, 0,06 e 1,0 por cento e óleo de aracnídeo @ 1, 5 e 10 por cento foram testados para ver o seu efeito no crescimento e desenvolvimento de *M. anisopliae* em ambas as bioformulações. A formulação líquida de *M. anisopliae* emendada com glicerol (10,0%) + óleo de girassol (0,5%) foi considerada significativamente eficaz, mostrando 84,33% e 94,93% mais área de superfície coberta e produção de biomassa, respetivamente, do que o controlo. Seguiu-se o concentrado de suspensão alterado com glicerol (10,0%) + óleo de girassol (1,0%), que mostrou uma área de superfície e uma produção de biomassa 84,18% e 94,81% mais elevadas, respetivamente, do que o controlo.

A eficácia das bioformulações foi testada contra o pulgão da ervilha-de-corda, *Aphis craccivora*, tanto em vasos como em condições de campo. Verificou-se que a formulação líquida de *M. anisopliae* suplementada com glicerol (10,0%) + óleo de girassol (0,5%) foi significativamente eficaz, protegendo a infestação das folhas até 88,11% e a infestação dos rebentos até 95,65%. A mortalidade mais elevada de pulgões (80%) foi registada 30 dias após a pulverização com proteção da propagação secundária da doença do mosaico da ervilha-de-corda até 100% e 96,03% em condições de vaso e de campo, respetivamente. Seguiu-se o concentrado em suspensão suplementado com glicerol (10,0%) + óleo de girassol (1,0%), que podia proteger a infestação das folhas até 87,33% e a infestação dos rebentos até 94,95%, respetivamente.

A proteção da doença do mosaico da ervilha-de-corda através da pulverização de uma formulação líquida de *M. anisopliae* com glicerol (10,0%) + óleo de girassol (0,5%), com um intervalo de 15 dias, por duas vezes, provou ser o melhor tratamento, com um rendimento mais elevado de 24,03 q/ha e uma relação custo-benefício de 1:7,95, em comparação com o controlo (11,20 q/ha).

O estudo das alterações morfológicas de *A. craccivora* devido à infeção por *M. anisopliae* com a ajuda do microscópio eletrónico de varrimento (MEV) revelou que a cutícula ventral e o abdómen do afídeo ficaram totalmente distorcidos, com deformação de todas as partes do corpo, resultando na sua morte.

ÍNDICE

INTRODUÇÃO

A ervilha-de-corda (*Vigna unguiculata* L. Walp.) é a cultura de leguminosas economicamente mais importante da Índia, ocupando uma área de 0,5 milhões de hectares. A ervilha-de-corda está distribuída por todo o mundo, especialmente em zonas áridas e semi-áridas (Zohri *et al.*, 1992). A dieta da maioria das pessoas nos países em desenvolvimento baseia-se em cereais transformados, raízes e frutos. Estes fornecem amido e um nível considerável de proteínas aos seus consumidores. No entanto, a qualidade das proteínas deixa muito a desejar, especialmente para as crianças, mulheres grávidas e lactantes. Devido ao seu elevado teor de proteínas na semente (24,8%), constitui o suplemento proteico natural e representa a leguminosa de eleição para muitas pessoas em países em desenvolvimento como a Índia. Para os vegetarianos, o feijão-frade fornece uma mistura perfeita de componentes proteicos vegetarianos de elevado valor biológico quando complementado com cereais. O feijão-frade é também importante como cultura alimentar, como cultura comercial e como alimento para animais. A ervilha-de-corda tem a capacidade de fixar azoto mesmo em solos muito pobres (pH de 4,5-9,0, matéria orgânica < 0,2% e teor de areia > 85%).

A cultura de leguminosas é também uma importante cultura de Assam. Em Assam, 23% da superfície total cultivada é constituída por leguminosas e, entre estas, a ervilha-de-corda ocupa uma área importante. Mas a cultura é muito suscetível a uma vasta gama de pragas e doenças, que podem causar danos à cultura em todas as fases de crescimento. Entre os agentes parasitários que afectam negativamente a planta da ervilha-de-corda, as doenças virais ocupam o primeiro lugar e resultam em perdas de rendimento de grãos que variam entre 20 e 60 por cento. Entre as diferentes doenças virais, a doença do mosaico da ervilha-de-corda transmitida por *Aphis craccivora* Koch é uma das mais importantes, causando uma perda de rendimento de 40-60% (Sastry, 2013). *O* pulgão da ervilha-de-corda, *A. craccivora*, é a principal praga das leguminosas para grão. Atinge o seu pico de densidade populacional na fase de formação das vagens da cultura em Assam (Saharia, 1980). Danifica as plântulas jovens de ervilha-de-corda sugando a seiva da superfície inferior das folhas jovens, dos rebentos jovens, dos tecidos do caule e das vagens das plantas adultas. Os danos causados pelo afídeo da ervilha-de-corda podem atingir 80-100% se não forem eficazmente controlados.

Até à data, a gestão da doença do mosaico da ervilha-de-corda tem sido efectuada através de pesticidas químicos, da irradicação de plantas doentes e da remoção de ervas daninhas hospedeiras. As medidas convencionais, como a aplicação de produtos químicos, a criação de variedades resistentes e a modificação das práticas culturais, têm limitações e os produtos químicos têm vários efeitos prejudiciais. Atualmente, existem provas irrefutáveis de que alguns dos pesticidas representam um risco potencial para os seres humanos e outras formas de vida, bem como efeitos secundários indesejáveis para o ambiente, o que, consequentemente, torna difícil atingir o nível desejado. Nenhum segmento da população está completamente protegido contra a exposição aos pesticidas e os seus efeitos potencialmente graves para a saúde. A nível mundial, o número de mortes e doenças crónicas devidas a envenenamento por pesticidas é de cerca de 1 milhão por ano (Environews Forum, 1999).

A resistência aos pesticidas é também um problema alarmante. Estudos recentes indicam que existem mais de 500 espécies de insectos e ácaros resistentes aos pesticidas. É por isso que os pesticidas não podem ser considerados a principal solução para travar o problema das pragas.

Tendo em conta estes pontos, a necessidade urgente do momento é a adoção de abordagens de gestão alternativas. O controlo biológico é uma componente importante, eficaz, ecológica e económica da gestão integrada das pragas (IPM) em quase todas as culturas importantes para o desenvolvimento de sistemas de cultivo sustentáveis. Existe também uma ampla margem para o controlo microbiano de pragas e doenças das culturas hortícolas e hortícolas.

Alguns entomopatogéneos estão a emergir como potenciais agentes de biocontrolo, entre os quais *o Metarhizium anisopliae* (Metschnikoff) Sorokin é um dos bioagentes fúngicos de primeira linha altamente promissores. As espécies de *Metarhizium*, também conhecidas como fungos verdes da muscardina, há muito que são reconhecidas pelo seu potencial de controlo biológico contra artrópodes. Sabe-se que as espécies de *Metarhizium* atacam uma vasta gama de artrópodes, mais de 200 espécies de insectos em mais de 50 famílias, incluindo térmitas. Atualmente, está a ser utilizado como inseticida biológico para controlar uma série de pragas, como térmitas, tripes, pulgões, etc. E no Nordeste da Índia, *M. anisopliae* foi encontrado associado a *A. craccivora* e *A. gossypii* (Pegu *et al.*, 2012). Muito recentemente, Dutta *et al.* (2013) relataram que fizeram o teste de patogenicidade de *M. anisopliae* contra pragas-alvo como térmitas e pulgões, o que mostrou a sua potencialidade de utilização como alternativa aos pesticidas químicos. A caraterização molecular de doze isolados indígenas de *M. anisopliae* foi efectuada utilizando a amplificação da reação em cadeia da polimerase (PCR) de ADN polimórfico utilizando iniciadores aleatórios (RAPD 1 a RAPD 12) e encontrou uma semelhança mais elevada de 54,3 por cento e uma semelhança mais baixa de 8,1 por cento. A sua utilização no controlo dos mosquitos transmissores da malária está a ser investigada. *O M. anisopliae* não parece infetar os seres humanos ou outros animais e é considerado seguro como inseticida. O M. anisopliae é um inseticida que pode ser utilizado para combater a malária, incluindo muitas espécies de importância agrícola, médica e veterinária.

Foram feitos esforços para desenvolver formulações adequadas do entomopatogénio para a gestão do afídeo da ervilha-de-corda e, subsequentemente, da doença do mosaico da ervilha-de-corda. No entanto, o nível de infeção dos insectos pelo fungo através do contacto direto com os esporos das pulverizações ou das folhas pulverizadas pode ser muito baixo. As epizootias resultam geralmente da infeção direta dos insectos por conídios aéreos de cadavares esporulados (Hall, 1980; Hall e Burges, 1979) ou por conídios miceliais da folhagem (Hall, 1982). A maior parte dos agentes de biocontrolo são formulados na forma sólida (contêm apenas conídios) com um prazo de validade de 6 meses a 5°C e de 3 meses a 25-35°C. Há muitos exemplos em que os fungos foram formulados com vários adjuvantes. A adição de nutrientes a uma pulverização de esporos de *Verticillium lecanii* melhorou o controlo de afídeos e moscas brancas no pepino em estufa, em comparação com esporos aplicados apenas em água (Hall, 1982). *V. lecanii* formulado com óleo de aracnídeo mostrou um controlo significativamente melhor do oídio do que sem a adição de óleo (Verhaar *et al.*, 1999). No entanto, não há bioformulação de *M. anisopliae* nem informações sobre a adição de adjuvantes e óleos na solução de esporos de *M. anisopliae*. Por conseguinte, o presente estudo foi realizado com os seguintes objectivos

1. Desenvolver uma formulação de *M. anisopliae* para aplicação no terreno
2. Estudar a virulência à temperatura ambiente

CAPÍTULO I
REVISÃO DA LITERATURA

A literatura relativa à investigação proposta "Bioformulação de *Metarhizium anisopliae* para a gestão da doença do mosaico da ervilha-de-corda" é revista e apresentada neste capítulo.

2.1 Importância da ervilha-de-corda e ocorrência da doença do mosaico da ervilha-de-corda

A ervilha-de-corda (*Vigna unguiculata* subsp unguiculata) é uma das leguminosas mais amplamente adaptadas e altamente nutritivas. O feijão-frade contém um elevado teor de hidratos de carbono e proteínas e é importante para a alimentação humana e animal. O feijão frade é uma das principais fontes de proteínas para os vegetarianos indianos. A cultura pode fixar cerca de 240 kg ha^{-1} de azoto atmosférico e disponibilizar cerca de 60-70 kg ha^{-1} de azoto para as culturas seguintes que entram na rotação com ela (Aikins e Afuakwa, 2008).

Entre as muitas espécies de vírus vegetais que infectam a ervilha-de-corda, o vírus do mosaico da ervilha-de-corda (CpMV) é considerado uma doença importante, uma vez que provoca uma perda de rendimento de 40 a 60% (Sastry, 2013). Foi registada uma perda de rendimento do CpMV entre 87-100% em diferentes partes do mundo, incluindo a Índia (Shoyinka *et al.*, 1997; Raheja e Leleji, 1974). O CpMV foi registado pela primeira vez em Itália por Lovisolo e Conti (1966) e mais tarde na Nigéria em 1976 (Ladipo, 1976).

Os sintomas típicos do CpMV observados nas plantas infectadas são mosaico, clareamento das nervuras, faixas verdes nas nervuras, bolhas, atrofiamento, manchas e distorção das folhas (Bock e Conti 1974). O CpMV está disseminado em muitos países de diferentes continentes, incluindo Ásia, África, Europa, América do Norte e do Sul e Austrália (Mali e Kulthe, 1980; Huguenot *et al.*, 1993; Bashir e Hampton, 1996; Pio-Ribeiro *et al.*, 2000; Behncken e Maleevsky, 1977).

2.2 Transmissão do Cow pea mosaic virus por *Aphis craccivora* (Koch)

O pulgão da ervilha-de-corda, *Aphis craccivora* (Koch) (Hemiptera: Aphididae) é uma importante praga das leguminosas da Ásia e de algumas partes de África. Esta espécie de afídeo não só causa danos diretos aos seus hospedeiros (incluindo o amendoim e a ervilha-de-corda) como também transmite o vírus do mosaico da ervilha-de-corda (CpMV). *A. craccivora* é um pulgão preto brilhante, relativamente pequeno, com 1,5 a 2,5 mm de comprimento. A biologia de *A. craccivora* varia consoante o clima. O adulto pode ser alado (alado) ou não alado (áptero). Em condições favoráveis, uma geração pode demorar apenas 13 dias. Os adultos vivem de 6 a 15 dias e podem produzir mais de 100 descendentes. Na ervilha-de-corda, os afídeos alimentam-se dos rebentos jovens e suculentos em desenvolvimento, da parte inferior das folhas recém-expandidas e das vagens das plantas adultas. Quando presentes em grande número, causam danos alimentares diretos que resultam em plantas atrofiadas, levando à distorção das folhas, à desfolha prematura e à morte das plântulas. Um efeito indireto e geralmente mais prejudicial é a transmissão do vírus do mosaico da ervilha-de-corda. Também segregam grandes quantidades de melada, uma substância açucarada que pode resultar na formação de bolor fuliginoso, que perturba ainda mais a fotossíntese da cultura.

Nariani e Kandaswami (1961) referiram pela primeira vez na Índia que um afídeo, *A. craccivora, transmitia* a doença do mosaico da ervilha-de-corda. Para além deste, três outros afídeos, *nomeadamente A. evonymi* Fabr., *A. gossypii* Glov. e *Myzus persicae* Sulz. também foram assinalados como transmissores do vírus.

2.3 Fungo entomopatogénico, *Metarhizium anisopliae* (Metschnikoff) Sorokin

2.3.1 Patogenicidade de *M. anisopliae* em insectos pragas e vectores de doenças virais

Os fungos entomopatogénicos ocorrem naturalmente e têm a capacidade de causar epizootias que reduzem significativamente as populações de insectos hospedeiros (Burges, 1981). O fungo entomopatogénico *Metarhizium anisopliae* foi referido pela primeira vez por Metschnikoff em 1879 como *Entomophthora anisopliae* e, em 1888, Krassilstichik utilizou este fungo contra o curculio da beterraba sacarina, *Cleonus punctiventris* (Germar.). Mais tarde, Tulloch (1976) alterou o nome para *M. anisopliae.* Sabe-se que *M. anisopliae* infecta mais de 200 espécies de insectos pragas pertencentes às ordens Orthoptera, Hemiptera, Lepidoptera, Diptera, Hymenoptera e Coleoptera (Moore *et al.*, 1996).

Está atualmente a ser utilizado como inseticida biológico contra uma série de pragas de insectos, tais como térmitas, *Odontotermes obesus* (Rambur); grilos-toupeira, *Scapteriscus* spp. gafanhotos, *Schistocerca gregaria*; fungo castanho das plantas, *Nilaparvata lugens* Stal. No arroz; a pirilla, *Pyrilla perpusilla* Walke; a cigarrinha, *Mahanarva fimbriolata* Stal.; a larva-das-raízes, *Tomarus subtropicus* Blatchley; a broca-do-café, *Hypothenemus hampei* (Ferrari) e o besouro do coqueiro, *Brontispa longissima* (Gestro), etc.

Registou-se que *Metarhizium* sp. infectava naturalmente populações de afídeos do pulgão da raiz da alface *Pemphigus bursarius* (trehernei) (L.) em Norfolk, Reino Unido (Foster, 1975). *M. anisopliae* var. major foi utilizado com sucesso contra o escaravelho-rinoceronte, *Orycetes rhinoceros* (L.), nas ilhas Fiji, Tonga e Samoa Ocidental (Latch e Falloon, 1976). Uma formulação conidial de *M. anisopliae* denominada "Metaquino" foi utilizada no Brasil para controlar o percevejo da cana-de-açúcar, *Mahanarva posticata* (Stal) (Ferron, 1981). Os bioprodutos à base de *Metarhizium* também estão disponíveis para o controlo do besouro-de-cabeça-vermelha (BioGreen® granules, Bio-Care Technology Pty. Limited), do gorgulho da vinha (BIO 1020, Bayer AG), das térmitas (Bioblast, Ecoscience e Terminex) e de uma série de pragas de lepidópteros, coleópteros, homópteros e ortópteros (Ago Biocontrol *Metarhizium* 50, Ago Biocontrol).

Patel *et al.*, (1988) relataram a patogenicidade de *M. anisopliae* var. anisopliae pela primeira vez em larvas de *Agrotis segetum* (Schiff), *A. spinifera* (Hubn.) e *A. ipsilon* (Hufnagel). O isolado IMI 330189 de *M. anisopliae* var. acridum foi registado como o produto "Green Muscle" (Instituto Internacional de Controlo Biológico) para o controlo de gafanhotos e gafanhotos (Neethling e Dent, 1998). Padmaja e Kaur (2001) referiram que *M. anisopliae* foi considerado patogénico para a broca da folha do arroz, *Cnaphalocrocis medinalis* (Guenee). Figueiredo *et al.*, (2002) selecionaram isolados de *M. anisopliae* contra a broca gigante da cana-de-açúcar, *Castina licus* (Drury). Ujjan e Shahzad (2007) referiram que as estirpes Ma 1912, Ma 1729 e Ma 3605 de *M. anisopliae* var. acridum eram patogénicas para a cochonilha rosada do hibisco, *Maconellicoccus hirsutus*, que afectava a cultura do algodão. Três isolados de *M. anisopliae*, MG, LR2 e TA, foram considerados patogénicos contra térmitas subterrâneas, *Coptotermes curvignathus* (Hoe *et al.*, 2009).

Sahayaraj e Borgio (2010) realizaram um bioensaio *in vitro* para avaliar a bioeficácia de *M. anisopliae* contra sete insectos pragas comuns de Tamil Nadu, na Índia, *nomeadamente Dysdercus cingulatus* (Fab.) (Hemiptera: Pyrrhocoridae), *Oxycarenus hyalinipennis* (Costa) (Hemiptera: Lygaeidae), *Aphis craccivora* (Koch) (Hemiptera: Aphididae), *Mylabris pustulata* (Thunb.) (Coleoptera: Meloidae), *Pericallia ricini* Fab. (Lepidoptera: Arctiidae), *Spodoptera litura* (Fab.) e *Helicoverpa armigera* (Hubner) (Lepidoptera: Noctuidae) através de testes de toxicidade dérmica. O valor LC-50 variou de 1,62 x 10^4 a 1,75 x 10^6 esporos/ml. Os resultados revelaram que, entre os jovens testados, os valores LC-50 mais baixos e mais elevados foram registados para *P. ricini* II instar (1,62x10^4) e *H. armigera* III instar (1,75 x10^6), respetivamente. Entre os adultos, *A. craccivora* registou o LC-50 mais baixo (1,84 x 10^4), seguido de *O. hyalinipennis*, *D. cingulatus* e *M. pustulata*. Assim, os resultados mostraram que *M. anisopliae* pode ser utilizado contra *H. armigera*. Muito recentemente, no Nordeste da Índia, verificou-se que *M. anisopliae* estava associado a *A. craccivora* e *A. gossypii* (Pegu *et al.*, 2012). Dutta *et al.*, (2013) fizeram o teste de patogenicidade de *M. anisopliae* contra pragas-alvo como térmitas, *Odontotermes obesus* (Rambur) e pulgões, *A. craccivora, A. gossypii*, o que mostrou a sua potencialidade para utilização como alternativa aos pesticidas químicos. A caraterização molecular de doze isolados indígenas de *M. anisopliae* foi feita utilizando a amplificação da reação em cadeia da polimerase (PCR) do ADN polimórfico utilizando iniciadores aleatórios (RAPD 1 a RAPD 12) e encontrou uma semelhança mais elevada de 54,3 por cento e uma semelhança mais baixa de 8,1 por cento e o valor LC-50 foi padronizado em 1×10^6 esporos/ml de água.

2.3.2 Biologia de *M. anisopliae*

O género *Metarhizium* é definido com base na disposição dos fialídeos que contêm cadeias e colunas de conídios secos e geralmente verdes, cilíndricos ou ligeiramente ovóides. Os conidióforos são geralmente amplamente ramificados, dispostos em manchas compactas a quase estomáticas. As colunas são formadas pela agregação das cadeias de conídios. Tulloch aceitou *M. anisopliae* e *M. flavoviride* como as duas únicas espécies do género e distinguiu duas formas de *M. anisopliae* com base no tamanho dos conídios: (1) a forma de esporos curtos *M. anisopliae* (Metsch.) Sorok. var. anisopliae, com conídios de cerca de 5-8 mm de comprimento e (2) a forma de esporos longos *M. anisopliae* (Metsch.) Sorok. var. major (Johnston), com conídios geralmente entre 10 e 14/16 mm de comprimento, que foi posteriormente transformada em *M. anisopliae* var. majus (Johnson) Tulloch por Rombach *et al*, (1986).

2.3.3 Modo de ação do *M. anisopliae*

O ciclo de vida dos fungos entomopatogénicos na cutícula dos insectos começa com a fixação, germinação e penetração dos esporos, seguida de uma rápida proliferação de células fúngicas no interior do corpo do hospedeiro que, em última análise, resulta na morte do hospedeiro (Nadeau *et al.*, 1996 e Thomas *et al.*, 1996). Segundo consta, após contacto com um potencial hospedeiro, os esporos infecciosos de fungos entomopatogénicos aderem à cutícula do inseto se o reconhecimento do hospedeiro for positivo (Al- Aidroos e Roberts, 1978). Os processos adesivos envolvem interações físicas e químicas e são provavelmente importantes (Fargues, 1983). Pensa-se que os compostos epicuticulares, como os ácidos gordos, os aminoácidos e as glucosaminas, desempenham um papel importante na determinação da especificidade e da patogenicidade dos fungos entomopatogénicos (Boucias e Pendland, 1984; Kerwin, 1983; Woods e Grula, 1984). A germinação de esporos é altamente dependente da humidade, e provavelmente requer água livre (Kramer, 1987; Newman e Carner, 1975; Roberts e Campbell, 1977; Shimazu, 1977), mas este requisito pode ser satisfeito pelas condições de humidade do microclima na ausência de precipitação mensurável (Kramer, 1980 e Mullens *et al.*, 1987). A penetração dos fungos entomopatogénicos na cutícula é realizada pelo próprio tubo germinativo ou pela formação de um apressório que se fixa à cutícula e dá origem a um pino de penetração estreito (Boucias e Pendland, 1982; Roberts, 1981). A penetração é um processo mecânico e enzimático (Charnley, 1984; McCoy *et al.*, 1988 e Leger *et al.*, 1988). Estes tubos germinativos ou apressórios secretam um complexo de enzimas de degradação da cutícula, *nomeadamente* quitinases, proteases e lipases, que são capazes de hidrolisar os constituintes cuticulares correspondentes, *nomeadamente* quitina, proteínas e lípidos (Leger *et al.*, 1992). Isto facilitou o tubo germinativo a invadir a hemocele e os corpos gordos. As hifas vegetativas invasoras consomem o conteúdo da hemolinfa para o seu crescimento e metamorfose. Ao esgotar o conteúdo da hemolinfa, o inseto hospedeiro torna-se moribundo e os fungos esporulam após a morte do hospedeiro.

Leger *et al.*, (1992) clonaram um gene que codifica uma protease (*Pr1*) de *M. anisopliae* que solubiliza a proteína da cutícula para auxiliar a penetração e fornece os nutrientes para o crescimento posterior (Leger *et al.*, 1988). Após a morte do hospedeiro e em condições de humidade, o fungo inicia o seu crescimento saprofítico fora do corpo. Os conídios são produzidos fora do cadáver. Em condições muito secas, o fungo pode também persistir na fase de hifa dentro do cadáver ou, por exemplo, em gafanhotos em África, onde os conídios são produzidos dentro do corpo.

Os conídios aéreos esporulados a partir de cadáveres infectados ou mumificados são amplamente disseminados pelo vento. Os salpicos da chuva também são responsáveis pela disseminação, mas apenas a curtas distâncias. No ecossistema de arroz irrigado com água estagnada, os propágulos do fungo (conídios ou esporos) são disseminados através da água de irrigação (Ambethgar, 1991).

2.3.4 Produção de metabolitos/toxinas

Muitos dos fungos entomopatogénicos produzem toxinas que actuam como venenos para os insectos, que assim são mortos. Uma das primeiras sínteses completas sobre as toxinas dos fungos entomopatogénicos foi apresentada por Roberts (1981). No género *Metarhizium*, enumerou as destruxinas (seis tipos) e as citocalasinas (C e D) como metabolitos tóxicos. Atualmente, as destruxinas, a citocalasina C e a swainsonina (e não a swainsinona) são indicadas como os principais metabolitos produzidos por *M. anisopliae* em cultura ou *in vivo* (Strasser *et al.*, 2000 e Vey *et al.*, 2001). No entanto, recentemente foram isolados alguns novos antibióticos insecticidas, as hidroxifunginas A e B, a partir de caldo de cultura de *Metarhizium* sp. FKI-1079 (Uchida *et al.*, 2005), que mostraram uma atividade inibidora contra artémia *salina*, *Artemia salina* (Uchida *et al.*, 2005). A atividade inseticida das destruxinas foi testada contra muitas espécies de insectos, como *Bemisia argentifolii, Bombyx mori, Brevicoryne brassicae, Cetonia aurata, Choristoneura fumiferana, Coptotermes formosanus, Culex pipiens, Delia antigena, Drosophila melanogaster, Empoasca vitis, Epilachna sparsa, Galleria mellonella, Heliothis virescens, Manduca sexta, Musca domestica, Myzus persicae, Oryctes rhinoceros, Otiorhynchus sulcatus, Phaedon cochlearia, Plutella xylostella, Rhagoletis pomonella, Rhopalosiphum padi* e *Schistocerca gregaria* (Pedras *et al.*, 2002).

2.4 Preparação da bioformulação de fungos entomopatogénicos

Muitos cientistas fizeram várias tentativas para desenvolver uma bioformulação adequada de diferentes bioagentes, mas com um prazo de validade baixo e resultados de campo erráticos. A produção em massa de fungos entomopatogénicos *Beauveria bassiana* e *M. anisopliae* utilizando diferentes substratos foi padronizada. Foi efectuado um teste de segurança biológica de *B. bassiana* e *M. anisopliae* com o bicho-da-seda muga. Ambos os fungos foram considerados inofensivos para o bicho-da-seda muga e todos os bichos-da-seda atingiram a fase de pupa (casulo) sem quaisquer deformações e malformações (RFRI, Jorhat, 2004-2007).

No caso da produção em massa de *M. anisopliae*, foram avaliados vários meios de transporte e de crescimento que ocorrem naturalmente. Fogal *et al.*, (1986) descreveram uma técnica simples de produção em massa de *M. anisopliae* utilizando farelo de trigo como meio de transporte. Além disso, foram utilizados vários outros meios, como grãos de sorgo, grãos de arroz cozidos, casca de café, água de coco, etc., para a produção em massa de *M. anisopliae*. Os resultados mostraram que o arroz cozido foi o melhor suporte, seguido do farelo de trigo e do grão de sorgo, para o crescimento abundante de *M. anisopliae*.

Quintela e McCoy (1997) descreveram outro método de produção de *M. anisopliae* em arroz de grão grosso. A produção de conídios em grãos grossos foi significativamente maior do que em grãos inteiros.

Agarwal *et al.*, (2012) prepararam diferentes formulações de *M. anisopliae, nomeadamente* uma formulação em pó à base de veículo, uma formulação à base de óleo e uma formulação à base de óleo de bentonite, utilizando um homogeneizador. Estas formulações foram submetidas a bioensaios contra *Helicoverpa armigera,* a praga mais destrutiva da soja. Observou-se que a formulação líquida à base de bentonite foi a mais eficaz, conforme determinado pela medição da mortalidade larvar, bem como pela viabilidade dos esporos fúngicos e pela facilidade de aplicação.

2.5 Suplementação de óleos e adjuvantes na bioformulação de fungos entomopatogénicos

Nos últimos anos, mais de 100 produtos de biocontrolo de insectos baseados em entomopatógenos fúngicos foram comercializados em todo o mundo (Faria e Wraight, 2007). No entanto, é sabido que a eficácia inseticida dos fungos varia com factores ambientais como a temperatura, a radiação solar e a humidade. O uso generalizado de micoinseticidas depende em grande parte de técnicas de formulação que possam efetivamente melhorar sua estabilidade, prolongar a persistência no campo e aumentar a virulência (Butt *et al.*, 1995 e Jackson *et al.*, 2010).

O desenvolvimento de potenciais bioformulações foi melhorado pela descoberta de que os conídios fúngicos formulados em óleos demonstraram maior infecciosidade do que as suspensões convencionais à base de água. Os óleos podem aumentar substancialmente a eficácia dos entomopatógenos contra insetos (Prior *et al.*, 1988), fungos hiperparasitários (Hofstein e Chapple, 1998) e micoherbicidas (Amsellem *et al.,* 1990). Burges (1998) faz uma revisão exaustiva da formulação de biopesticidas e fornece mais pormenores sobre a formulação de óleos. Não sendo evaporativos, a sua utilização é facilmente compatível com as técnicas de aplicação de volume ultrabaixo (ULV) para pulverizar micoinseticidas a baixas humidades relativas (Bateman, 1997). Esta propriedade foi explorada para o desenvolvimento de conídios lipofílicos do fungo mitospórico (Deuteromycete) *M. anisopliae* var. *acridum* no produto denominado "Green Muscle". Ibrahim *et al.,* (1999) observaram que os óleos e os adjuvantes pareciam extrair compostos fungistáticos e estimulantes das cutículas dos insectos. Após a pulverização de escaravelhos da mostarda em laboratório, observaram também um melhor transporte de conídios para as zonas de cutícula mais fina (*por exemplo,* sob os élitros).

A adição de nutrientes a uma solução de esporos de *Verticillium lecanii* melhorou o controlo de afídeos e moscas brancas em pepino de estufa, em comparação com esporos aplicados apenas em água (Hall, 1982).

Prior *et al.*, (1988) relataram a utilidade do Tween-80 como adjuvante eficaz na formulação de micoagentes. Inglis *et al.* (1993) verificaram que os conídios de *B. bassiana* se dispersavam melhor em óleo do que em Tween-80 aquoso a 0,05 por cento, enquanto que ocorria uma aglomeração substancial numa emulsão de 5 por cento de óleo em água, mesmo após homogeneização. Os conídios de *M. flavoviride* em pulverizações de óleo e emulsão de óleo em água sobreviveram mais tempo na folhagem do que os conídios em água, o que se presumiu ser devido ao facto de a componente de óleo proporcionar uma maior proteção contra as pressões ambientais (Jenkins e Thomas, 1996).

Smith (1997) referiu que se sabe que as formulações em óleo e emulsão de *Paecilomyces fumosoroseus* (Wise) Brown e Smith permitem a infeção da mosca branca, *Bemisia argentifolii* (Bellows e Perring) a baixas humidades no campo. Estas formulações também aumentam a infecciosidade para uma gama mais vasta de instares de mosca branca em comparação com as formulações aquosas. Os resultados indicam que uma formulação de óleo de conídios foi a mais infecciosa e matou 100% de todos os instares em menos de 3 dias.

Verhaar *et al.*, (1999) testaram o óleo de aracnídeo (óleo de amendoim) e duas emulsões invertidas utilizando Sunspray 6N ou óleo de parafina em formulações de esporos de *Verticillium lecanii. O V. lecanii* formulado com óleo de aracnídeo mostrou um controlo significativamente melhor do oídio do pepino, *Sphaerotheca fuliginea*, do que o não formulado. Uma concentração de 0,5 por cento de óleo de aracnídeo foi um pouco tóxica para o míldio, mas 0,05 por cento não foi. O óleo de aracnídeo não mostrou toxicidade para *V. lecanii.* As necessidades de humidade de *V. lecanii* formulado com e sem 0,05% de óleo de aracnídeo foram comparadas a 95, 90 e 85% de humidade relativa. O óleo de aracnídeo reduziu significativamente a dependência de *V. lecanii* em relação à humidade. Uma vez que o óleo de aracnídeo é seguro para consumo humano e não é fitotóxico para as folhas de pepino, recomendam-se baixas concentrações de óleo de aracnídeo como aditivo para aumentar a eficácia de *V. lecanii* como agente de biocontrolo de *S. fuliginea.*

Bateman e Alves (2000) relataram que o uso de óleos tem demonstrado aumentar a eficácia de mico-inseticidas, herbicidas e fungicidas hiperparasitários. Os óleos podem também permitir que os agentes patogénicos fúngicos permaneçam activos em condições de baixa humidade, criando assim oportunidades para alargar a gama (atualmente limitada) de aplicações de micopesticidas. As formulações de micoinseticidas em óleo apresentam oportunidades especiais quando utilizadas em aplicações de volume ultra baixo (ULV) - e foram comprovadas para o controlo do acrídio (utilizando conídios aéreos de *M. anisopliae* var. *acridum*).

Legand (2001) selecionou uma formulação óptima para o revestimento de esporos com base na sobrevivência e germinação dos esporos ao longo do tempo após secagem ao ar, redução do tamanho das partículas e armazenamento a 28°C. Essa formulação de revestimento de esporos, que consiste em leite desnatado, lignina Kraft (Curan 100®) e glicerol, melhorou muito a tolerância de conídios aéreos e conídios submersos à luz solar simulada, aumentando o LT50 (95% C.I.) de conídios aéreos de 4,0 horas (3,1-5,1) para 17,0 horas (12,5-23,0).

No caso das bioformulações, Puzari *et al.* (2003) relataram um aumento da capacidade de armazenamento e da virulência de *B. bassiana* com a adição de quitina. Da mesma forma, Das *et al.*, (2006) relataram que a adição de osmoticante ajuda a reduzir a dessecação conidial com maior eficácia.

Verificou-se que os conídios formulados em óleo induzem uma maior mortalidade de pragas do que os conídios apenas em água (Bateman *et al.*, 1993; Sandrin *et al.*, 2003 e Maranga *et al.*, 2005). Foi relatado que as formulações de óleo aumentam a eficácia do micoinseticida contra pragas, incluindo escaravelhos (Prior *et al.*, 1988), gafanhotos e gafanhotos (Johnson e Goettel 1993; Inglis *et al.*, 1996). As formulações em óleo melhoram geralmente a virulência, reduzindo a dependência da humidade ambiente saturada (Bateman *et al.*, 1993). No entanto, a eficácia dos fungos entomopatogénicos na formulação em óleo foi aumentada pela adição de água aos fungos (Batta, 2003).

Nahar *et al.*, (2004) estudaram a eficácia de uma formulação conidial à base de óleo de um isolado fúngico indígena de *M. anisopliae* (M34412) contra *Helicoverpa armigera* em feijão-frade em condições de campo. Verificou-se que os conídios de *M. anisopliae* (M34412) na formulação de óleo (proporção 7:3 de gasóleo: óleo de girassol) eram mais eficazes no controlo de *H. armigera.*

Visalakshy *et al.*, (2005) referiram que a adição de óleos vegetais como o óleo de coco, de neem e de girassol podia acelerar o crescimento micelial e a esporulação do fungo entomogénico *Paecilomyces farinosus*, aumentando assim a sua infecciosidade contra as pragas-alvo. Verificaram que o tratamento com óleo de girassol registou o rendimento máximo de esporos de $15x10^6$ esporos conidiais/ml, seguido de $12x10^6$ e $8,2x10^6$ esporos conidiais/ml no tratamento com óleo de coco e óleo de neem, respetivamente, em comparação com $7x10^6$ esporos conidiais/ml no controlo.

Chavan e Kadam (2008) estudaram o efeito de vários adjuvantes e óleos no crescimento e desenvolvimento de *Verticillium lecanii* (Zimmermann) Viegas e concluíram que houve um aumento da área de superfície coberta (%) e da biomassa produzida (g) com o aumento da concentração do inóculo. Entre os diferentes óleos testados, foi registada uma cobertura significativa da área de superfície no óleo de aracnídeo a 1,0 por cento, seguido de 0,1 a 0,5 por cento, respetivamente. Foi registado um resultado semelhante na produção de biomassa.

A adição de óleo de aracnídeo a 1,0 por cento registou uma biomassa máxima de 28,40 g, seguida de 0,5 por cento (25,20 g) e 0,1 por cento (23,50 g), respetivamente.

Mais tarde, no ano de 2009, Chavan e Kadam estudaram o efeito de alguns adjuvantes em combinações no crescimento de *Verticillium lecanii* (Zimmermann) Viegas em meio de cultura e a infeção subsequente de *Maconellicoccus hirsutus* (Green) também foi avaliada. O tratamento que incluía *V. lecanii* + glicerol (8%) + Tween 80 (1%) + óleo de aracnídeo (5%) revelou-se o mais promissor, registando uma cobertura máxima da superfície (92,00%) e biomassa (32,10g) aos 10 dias de inoculação e bioeficácia aos 14 dias. No entanto, ficou a par das formulações que continham *V. lecanii* + glicerol 5% + Tween-80 1% + óleo de aracnídeo 2% e *V. lecanii* + glicerol 2% + Tween-80 1% + óleo de aracnídeo 0,5%. Em termos de viabilidade e virulência, *V. lecanii* + glicerol 2 por cento + Tween-80 1 por cento + óleo de aracnídeo 0,5 por cento e *V. lecanii* + glicerol 5 por cento + Tween-80 1 por cento + óleo de aracnídeo 2 por cento emergiram como as melhores combinações. Os adjuvantes fornecem humidade para o fungo germinar durante um período mais longo, que não se evapora mais rapidamente, bem como reduzem a evaporação das gotículas de pulverização e prolongam a vida ativa do bioagente (Kaaya *et al.*, 2011). A formulação de óleo aumentou a virulência de *M. anisopliae* var. acridum contra gafanhotos e gafanhotos, reduzindo a dependência de água saturada (Peng e Xia, 2011).

Kaaya e Hedimbi (2012) observaram que a mortalidade de carrapatos (*Rhipicephalus appendiculatus* e *Boophilus decoloratus*), praga da pecuária, aumentou com o aumento da concentração conidial de *M.*

anisopliae e *B. bassiana* e que a formulação em óleo teve um desempenho superior ao da formulação aquosa. A formulação em óleo, no entanto, induziu uma maior mortalidade em duas espécies de carraças (*Rhipicephalus appendiculatus* e *Boophilus decoloratus*) em ninfas e adultos do que a formulação aquosa.

2.6 Estudo das alterações morfológicas do corpo dos insectos devido à infeção por fungos entomopatogénicos

Foram realizados muito poucos trabalhos sobre alterações pós-tratamento na morfologia de insectos tratados com fungos entomopatogénicos. Estes estudos podem ser realizados com a ajuda do microscópio eletrónico (ME).

O ME é um instrumento que permite tornar visíveis objectos tão pequenos que estão fora do alcance dos microscópios de luz. O microscópio eletrónico de varrimento (MEV) é um tipo de ME que fornece informações sobre a superfície da amostra (topografia fina da superfície) (Coleman e Terepka, 1974).

A MEV é uma ferramenta que permite observar o modo de ação dos fungos entomopatogénicos e observar como são capazes de colonizar e infetar o hospedeiro. Moino *et al.*, (2002) estudaram o desenvolvimento externo de *B. bassiana* e *M. anisopliae* na térmita subterrânea *Heterotermes tenuis* utilizando a Microscopia Eletrónica de Varrimento (MEV), determinando a duração das diferentes fases da infeção fúngica. Foram também avaliadas duas técnicas de fixação para a preparação de amostras SEM. Os resultados obtidos com as duas técnicas foram comparados e a duração das diferentes fases do processo de infeção foi estimada a partir de observações SEM e comparada para três isolados de fungos. *B. bassiana* e *M. anisopliae* têm ciclos de desenvolvimento semelhantes na térmita, mas existem algumas diferenças importantes. As fases de penetração, colonização e conidiogénese são relativamente mais rápidas para *M. anisopliae* do que para *B. bassiana*, o que resulta numa taxa mais rápida de mortalidade dos insectos.

Agullo *et al.*, (2010) estudaram a infeção de larvas e adultos do gorgulho da palmeira vermelha (*Rhynchophorus ferrugineus*) por *B. bassiana* usando conídios secos e suspensões de conídios usando microscopia eletrônica de varredura (MEV). Nos estágios iniciais, a MEV revelou a aquisição de conídios de *B. bassiana* pela ornamentação da cutícula nas pernas, antenas e élitros dos adultos de *R. ferrugineus*. Posteriormente, os conídios germinaram e foram encontrados episódios frequentes de fusão hifal/conidial. Apressórios, sinais de adesão e degradação da cutícula levaram à penetração (mesmo direta) e colonização dos hospedeiros de *R. ferrugineus* pelo fungo. Conidióforos de *B. bassiana* foram encontrados em uma cutícula de *R. ferrugineus*, o que indica a conclusão do ciclo de vida do fungo no inseto hospedeiro. A MEV provou que os conídios secos de *B. bassiana* são um inóculo adequado para a infeção por *R. ferrugineus*. A MEV revelou que os conídios de *B. bassiana* aderidos à cutícula de *R. ferrugineus* podem germinar e diferenciar apressórios.

Zhang *et al.*, (2010) investigaram a penetração da cutícula de *Locusta migratoria* pelo fungo entomopatogénico *M. anisopliae* utilizando microscopia eletrónica de varrimento e de transmissão. A microscopia eletrónica de varrimento revelou que os conídios de *M. anisopliae* se fixavam sobretudo nas cavidades das cerdas e nas membranas intersegmentares. A estrutura penetrante entrou diretamente através da epicutícula e da exocutícula, sem desenvolvimento lateral. Em seguida, uma estrutura penetrante fusiforme estendeu-se lateralmente entre as camadas da endocutícula, com os espaços entre as camadas sendo
alargadas devido à lise das camadas próximas do penetrante. As estruturas penetrantes apresentavam várias

formas; a maioria era fusiforme, com muitos lisossomas e mitocôndrias, mas sem vacúolos. As hifas penetrantes acabaram por invadir e colonizar a hemocele.

Gabarty *et al.*, (2013) fizeram um estudo de microscopia eletrónica de varrimento (MEV) de larvas infectadas com *B. bassiana* e *M. anisopliae* do verme de corte gorduroso, *Agrotis ipsilon*, que mostrou estruturas de adesão e penetração destes fungos. A MEV das larvas de *A. ipsilon* tratadas com o LC-50 do fungo *B. bassiana* revelou estruturas de adesão e penetração nas larvas infectadas. O crescimento do fungo nas larvas infectadas e os sinais de penetração de hifas na cutícula do inseto, bem como a proliferação da cutícula, também apareceram. Por outro lado, o fungo *M. anisopliae*, tal como declarado pela MEV, mostrou uma densa rede que juntava e causava os esporos verdes na cutícula do inseto. Além disso, a MEV permitiu observar os esporos e as hifas do fungo na cavidade corporal das larvas infectadas.

CAPÍTULO II
MATERIAIS E MÉTODOS

As experiências de laboratório e as experiências em vasos foram realizadas na Secção de Investigação Micológica, Departamento de Patologia Vegetal, Universidade Agrícola de Assam (AAU). As experiências de campo foram realizadas na quinta experimental, Departamento de Horticultura, AAU, Jorhat (placa 1). O presente trabalho incidiu na manutenção de uma cultura pura de fungos entomopatogénicos, na preparação de um concentrado em suspensão e de uma formulação líquida do fungo, no teste do efeito de óleos e adjuvantes no concentrado em suspensão e nas formulações líquidas, no teste da eficácia das bioformulações em vasos e em condições de campo. Estudo de microscopia eletrónica sobre as alterações morfológicas de *Aphis* spp. tratados com fungos entomopatogénicos.

Os materiais utilizados e os métodos adoptados para as presentes investigações são descritos nos pontos seguintes.

3.1 Descrição do sítio

3.1.1 Localização

O distrito de Jorhat, em Assam, representa maioritariamente as planícies do vale do Brahmaputra e está situado na zona superior do vale do Brahmaputra, em Assam, entre a longitude 94° 13'E e a latitude 26°45'N. Tem uma área geográfica de 2 85 332 ha com uma área cultivada de 15 29 00 ha.

3.1.2 Clima

O distrito de Jorhat está classificado como clima subtropical húmido, com uma precipitação média anual de 1947,10 mm, 87% da qual cai entre abril e setembro. O período entre novembro e março é seco e deficiente. Os dados climáticos do período foram recolhidos no Departamento de Meteorologia Agrícola, AAU, Jorhat (Anexo I).

3.2 Limpeza de objectos de vidro

O material de vidro utilizado nas diferentes experiências laboratoriais foi lavado cuidadosamente com uma solução de dicromato de potássio ($K_2Cr_2O_7$), enxaguado com água e seco ao ar antes de ser utilizado.

Placa 1. Configuração da quinta experimental de horticultura, AAU, Jorhat, onde foi efectuada a experiência de campo

3.3 Esterilização de objectos de vidro, panelas e tabuleiros

Os objectos de vidro foram embrulhados em papel castanho e esterilizados a 180°C durante 1 hora numa estufa de ar quente (OMNI). Os tabuleiros foram esterilizados com solução de formalina a 4 por cento.

3.4 Preparação dos suportes

3.4.1 Meio de Agar de Dextrose de Batata (PDA)

O meio PDA foi preparado suspendendo 39,0 g de pó PDA pronto (HiMedia Laboratories Ltd.) em 1000 ml de água destilada. O pH foi medido e mantido a 7,0 por HCl ou NaOH. O meio foi vertido em tubos de cultura e frascos erlenmeyer, tapados com algodão não absorvente e depois esterilizados numa autoclave (Equitron, Medica Instrument) a 121°C (15lb de pressão por polegada quadrada) durante 20 minutos.

3.4.2 Caldo de Dextrose de Batata (PDB)

O meio PDB foi preparado suspendendo 24 g de pó PDB pronto a usar (HiMedia Laboratories Ltd.) em 1000 ml de água destilada. O pH foi medido e mantido a 7,0 por HCl ou NaOH. O meio foi vertido em frascos erlenmeyer, tapados com algodão não absorvente e depois esterilizados em autoclave a 121°C (15 lb de pressão por polegada quadrada) durante 20 minutos.

3.5 Cultura de *Metarhizium anisopliae*

A cultura de fungos puros de *M. anisopliae* (ITCC n.º 8882.12) foi recolhida do banco de culturas mantido no âmbito do projeto financiado pela Peak Chemical Industries Limited (PCIL) da Secção de Investigação Micológica, AAU, Jorhat. O fungo foi isolado de pulgões *Aphis craccivora* infestando naturalmente plantas de ervilha-de-corda em Majuli, Assam (Pegu *et al.*, 2012).

3.6 Manutenção da cultura

A cultura pura de *M. anisopliae* foi mantida em meio PDA por transferência periódica para meio fresco. Uma alça de inóculo dos tubos de cultura foi transferida para placas de PDA (9 cm de diâmetro), incubadas na incubadora BOD (Orbitek) durante 7 dias a 28±1°C e mantidas como cultura pura (placa 2). Após a esporulação completa, para estudos subsequentes, o fungo foi subcultivado e armazenado no frigorífico a 4°C.

3.7 Preparação de bioformulações

3.7.1 Preparação do concentrado de suspensão

3.7.1.1 Esterilização do pó de talco

Sacos de polipropileno de (15 cm×24 cm) foram preenchidos com pó de talco, deixando 1/3rd porção do saco. Cada saco contém 100 g de pó de talco. Em 100 g de pó de talco foi adicionada uma quantidade medida de Carboximetilcelulose (CMC) a 2,5% como fonte de carbono e adesivo e Manitol a 6% como osmótico. Os sacos de polipropileno foram tapados com algodão não absorvente e papel castanho e apertados com um elástico. Os sacos foram esterilizados numa autoclave a 121°C (15 lb de pressão por polegada quadrada) durante 20 minutos.

3.7.1.2 Cultura de *M. anisopliae* em APO

O meio PDB esterilizado foi colocado em frascos de 1000 ml (placa 3a) e foi adicionada a solução de estreptomicina (0,1%) para evitar a contaminação bacteriana. Os frascos foram então inoculados colocando um disco micelial uniforme de 5 mm cortado com a ajuda de uma broca de cortiça esterilizada de uma cultura de *M. anisopliae* com 7 dias de idade (placa 3b). Tudo isto foi efectuado em condições assépticas, isto é, no interior de uma câmara de fluxo de ar laminar (Klenzaids). Os frascos inoculados foram mantidos na incubadora BOD a 28±1°C durante 7 dias.

3.7.1.3 Propágulos secos de *M. anisopliae*

Após o crescimento completo do fungo no APO (placa 3c), os frascos foram levados para a câmara de fluxo de ar laminar. O tapete micelial foi retirado (placa 3d), esmagado (placa 3e) e espalhado num tabuleiro esterilizado. O micélio foi então seco num secador de cabina ventilada (ICT) a 24°C durante 10 dias (placa 3f).

3.7.1.4 Inoculação de propágulos secos em pó de talco

A balança eletrónica (Mettler, Toledo) e o tabuleiro contendo propágulos secos de *M. anisopliae* foram levados para a câmara de fluxo de ar laminar. Trinta (30) g de propágulos secos (placa 3g) foram medidos e adicionados a 100 g de pó de talco (placa 3h) e colocados em sacos de polipropileno (15 cm×24 cm). Os sacos foram tapados com algodão não absorvente e agitados para misturar bem os propágulos secos com o pó de talco, tendo sido mantidos à temperatura ambiente.

3.7.2 Preparação de uma formulação de base líquida

O meio PDB esterilizado foi colocado em frascos erlenmeyer de 100 ml (placa 4a). Foi adicionada uma solução de estreptomicina (0,1%) em cada frasco para evitar a contaminação bacteriana.

Placa 2. Cultura pura de *Metarhizium anisopliae*

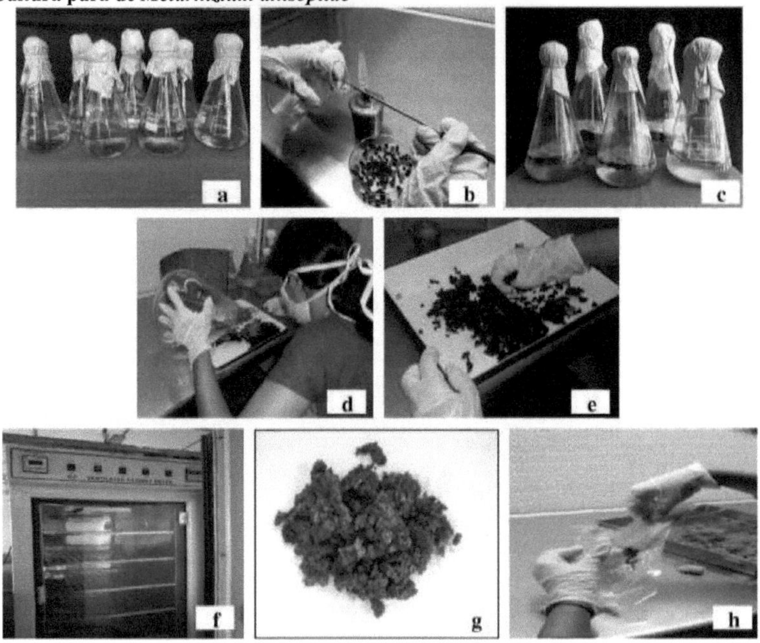

Placa 3 (a-h). Preparação do concentrado em suspensão de *M. anisopliae*

a. Caldo de dextrose de batata (PDB)
b. Inoculação de *M. anisopliae* no APO
c. Crescimento de *M. anisopliae* em PDB
d. Recolha de tapete micelial de *M. anisopliae* do APO
e. Trituração do tapete micelial de *M. anisopliae*
f. Secagem de propágulos em secador de armário ventilado (Marca: ITC)
g. Propágulos secos de *M. anisopliae*
h. Inoculação de *M. anisopliae* em pó de talco

Os frascos foram inoculados colocando um disco micelial uniforme de 5 mm cortado com a ajuda de uma broca de cortiça esterilizada a partir de uma cultura de *M. anisopliae* com 7 dias de idade, em condições assépticas (placa 4b). Permitiu-se que o fungo entomopatogénico crescesse através de agitação contínua num agitador horizontal (Scigenics Biotech) durante 15 dias (placa 4c).

3.8 Efeito dos adjuvantes e óleos nas bioformulações

Três adjuvantes diferentes e seis óleos diferentes (Quadro 1) foram testados quanto aos seus efeitos no crescimento e desenvolvimento de *M. anisopliae*, tanto na suspensão concentrada (Placa 5a) como na formulação líquida (Placa 5b).

3.8.1 Contagem de células do concentrado em suspensão e da formulação líquida de *M. anisopliae* utilizando o hemocitómetro

Foi utilizado um hemocitómetro Neubeur (Fein Optic Bad Blankenburg) para estimar a concentração conidial das formulações sólidas e líquidas. Para a contagem de conídios, começou-se por examinar a câmara de contagem do hemocitómetro, focando a área de referência (9 quadrados grandes) com objectivas de baixa potência (10X) e alta potência (40X) do microscópio composto. O quadrado central grande do hemocitómetro foi focado no microscópio a baixa potência antes de aplicar a amostra no campo. 1g/ 1ml da formulação foi retirado assepticamente do saco de polipropileno ou do frasco Erlenmeyer que continha a cultura em massa e diluído em 10ml de água bidestilada estéril e misturado cuidadosamente durante 20 minutos num misturador vortex (Labnet International Inc.). A suspensão foi então diluída em série até 8 vezes. De cada diluição, foi colocada uma alíquota de 0,1 ml no hemocitómetro e coberta com uma lamela especial. Focou-se ao microscópio e contaram-se as células nos quadrados grandes. Para obter o número de células presentes por g/ml de suspensão, o número de células contadas em todos os 25 quadrados foi multiplicado pelo fator de diluição.

3.8.2 Efeito dos adjuvantes na suspensão concentrada e na formulação líquida

Adjuvantes como glicerol @ 5, 8 e 10 por cento; tween-80 @ 0,02, 0,04, 0,06 e 1,0 por cento e óleo de aracnídeo @ 1, 5 e 10 por cento foram testados adicionando a concentração óptima ($1X10^6$ cfu/ml) de suspensão concentrada (Placa 6a) e formulação líquida (Placa 6b) para um crescimento e desenvolvimento satisfatórios de *M. anisopliae*. Foram preparadas dez preparações de formulação sólida e líquida de acordo com a combinação de tratamentos mencionada abaixo.

Placa 4 (a-c). Preparação da formulação líquida de *M. anisopliae*

a. Caldo de dextrose de batata (PDB)

b. Inoculação de *M. anisopliae* no APO

c. APO inoculado em agitador horizontal

Placa 5 (a-b). Bioformulações de *M. anisopliae*

a. Concentrados em suspensão de *M. anisopliae*

b. Formulação líquida de *M. anisopliae*

Placa 6(a-b). Adição de óleos e adjuvantes em bioformulações de *M. anisopliae* a. Adição de óleos e adjuvantes em suspensão concentrada b. Adição de óleos e adjuvantes em formulação líquida

Uma unidade (gm/ml) de cada meio formulado foi adicionada individualmente a 40 ml de meio PDB como inoculantes em frascos erlenmeyer de 250 ml de capacidade e incubados na incubadora BOD a 21±1°C durante 15 dias. A experiência foi repetida três vezes. As observações sobre a área de superfície coberta (%) e a biomassa produzida (g) foram efectuadas por observação visual.

Combinações de tratamento para concentrado em suspensão:

T1	:	Controlo (SC* sem adjuvante)
T2	:	SC + Glicerol (5%)
T3	:	SC + Glicerol (8%)
T4	:	SC + Glicerol (10%)
T5	:	SC + Tween-80 (0,02%)
T6	:	SC + Tween-80 (0,04%)
T7	:	SC + Tween-80 (0,06%)
T8	:	SC + Tween-80 (1%)
T9	:	SC + Arachnidoil (1%)
T10	:	SC + Arachnidoil (5%)
T11	:	SC + Arachnidoil (1%)

* Concentrado de suspensão

Combinações de tratamento para formulação líquida:

T1	:	Controlo (LF* sem adjuvante)
T2	:	LF +Glicerol (5%)
T3	:	LF +Glicerol (8%)
T4	:	LF +Glicerol (10%)
T5	:	LF +Tween-80 (0,02%)
T6	:	LF +Tween-80 (0,04%)
T7	:	LF +Tween-80 (0,06%)
T8	:	LF +Tween 80 (1%)
T9	:	LF +Óleo de aracnídeo (1%)
T10	:	LF +Óleo de aracnídeo (5%)
T11	:	LF +Óleo de aracnídeo (1%)

* Formulação líquida

Quadro 1. Lista de adjuvantes e óleos utilizados para testar os seus efeitos no crescimento e desenvolvimento de *M. anisopliae*

Sl No.	Nome comum	Nome comercial	Grupo	Fonte
1	Óleo de girassol	Sweekar Advanced Óleo de girassol	Óleo	Cargill India Pvt. Ltd, Nova Deli
2	Óleo de cártamo	Óleo de cártamo biológico de alta temperatura	Óleo	Spectrum Naturals, Melville, Estados Unidos
3	Óleo de soja	Óleo de soja Fortune	Óleo	Adani Wilmar Ltd.
4	Óleo de mostarda	Óleo de mostarda Neeraj	Óleo	Deepak Vegpro (P) Ltd. Rajastão, Índia
5	Óleo de aracnídeo	Óleo da Fortune	Petróleo e Adjuvante	Fortune, Gujarat, Índia
6	Óleo de coco	Óleo de coco paraquedista	Óleo	Marico Ltd, Mumbai, Índia
7	Glicerol	Ranken (Laboratório Reagente)	Adjuvante	RFCL Ltd., Nova Deli
8	Tween-80	Ranken (Laboratório Reagente)	Adjuvante	RFCL Ltd., Nova Deli

3.8.3 Efeito dos óleos no concentrado em suspensão e na formulação líquida

Os óleos de girassol, cártamo, soja, mostarda, aracnídeo e coco, em três concentrações diferentes, *ou seja*, 0,1, 0,5 e 1,0 por cento, foram adicionados individualmente à concentração óptima (1 x 10^6 cfu/ml) de suspensão concentrada e formulação líquida. Dezoito preparações de meio sólido e líquido foram preparadas de acordo com as combinações de tratamento mencionadas abaixo. As embalagens de polipropileno e os frascos erlenmeyer com o produto formulado foram mantidos à temperatura ambiente.

Uma unidade (gm/ml) de cada meio formulado foi adicionada individualmente a 40 ml de meio PDB como inoculante num erlenmeyer de 250 ml de capacidade. A experiência foi repetida três vezes para obter resultados autênticos. Os caldos inoculados foram incubados a 21±1°C durante 15 dias. As observações sobre a área de superfície coberta (%) e a biomassa produzida (g) foram efectuadas por observação visual.

Combinações de tratamento para concentrado em suspensão:

T1		Controlo (SC* sem óleo)
T2	:	SC + Óleo de girassol (0,1%)
T3	:	SC + Óleo de girassol (0,5%)
T4	:	SC + Óleo de girassol (1,0 %)
T5	:	SC + Óleo de cártamo (0,1%)
T6	:	SC + Óleo de cártamo (0,5%)
T7	:	SC + Óleo de cártamo (1,0%)
T8	:	SC + Óleo de soja (0,1%)
T9	:	SC + Óleo de soja (0,5%)
T10	:	SC + Óleo de soja (1,0%)
T11	:	SC + Óleo de mostarda (0,1%)
T12	:	SC + Óleo de mostarda (0,5%)
T13	:	SC + Óleo de mostarda (1,0%)
T14	:	SC + Óleo de aracnídeo (0,1%)
T15	:	SC + Óleo de aracnídeo (0,5%)
T16	:	SC + Óleo de aracnídeo (1,0%)
T17	:	SC + Óleo de coco (0,1%)
T18	:	SC + Óleo de coco (0,5%)
T19	:	SC + Óleo de coco (1,0%)

* Concentrado de suspensão

Combinações de tratamento para formulação líquida:

T1	: Controlo (LF* sem óleo)		
T2	:	LF+Óleo	de girassol (0,1%)
T3	:	LF+Óleo	de girassol (0,5%)
T4	:	LF+Óleo	de girassol (1,0%)
T5	:	LF+Óleo	de cártamo(0,1%)
T6	:	LF+Óleo	de cártamo(0,5%)
T7	:	LF+Óleo	de cártamo(1,0%)
T8	:	LF+Óleo	de soja(0,1%)
T9	:	LF+Óleo	de soja(0,5%)
T10	:	LF+Óleo	de soja(1,0%)
T11	:	LF+Óleo	de mostarda(0,1%)
T12	:	LF+Óleo	de mostarda(0,5%)
T13	:	LF+Óleo	de mostarda(1,0%)
T14	:	LF+Óleo	de aracnídeo(0,1%)
T15	:	LF+Óleo	de aracnídeo(0,5%)
T16	:	LF+Óleo	de aracnídeo(1,0%)
T17	:	LF+Óleo	de coco(0,1%)
T18	:	LF+Óleo	de coco(0,5%)
T19	:	LF+Óleo	de coco(1,0%)

*Formulação líquida

3.9 Eficácia *in vitro* da suplementação da melhor concentração de adjuvantes e da melhor concentração de óleos no concentrado em suspensão e na bioformulação líquida de *M. anisopliae*

A melhor concentração de adjuvantes e a melhor concentração de óleos foram testadas isoladamente e em combinação umas com as outras. Seguiu-se o mesmo procedimento mencionado nas colunas 3.8.2 e 3.8.3.

As combinações de tratamento foram as seguintes:

T1 : Formulação líquida (LF)

T2: LF + Adjuvante (Glicerol 10,0%)

T3 : LF + Óleo (óleo de girassol 0,5%)

T4 : LF + [Adjuvante (Glicerol 10,0%) + Óleo (Óleo de girassol 0,5%)]

T5: Concentrado de suspensão (SC)

T6 : SC + Adjuvante (Glicerol 10,0%)

T7: SC + Óleo (óleo de girassol 1,0%)

T8 : SC + [Adjuvante (Glicerol 10,0%) + Óleo (Óleo de girassol 1,0%)]

3.10 Eficácia de bioformulações de *M. anisopliae* contra *A. craccivora* em condições de vaso

A experiência foi conduzida em vasos de plástico de 5 kg de capacidade contra o pulgão, *A. craccivora*, vetor da doença do mosaico da ervilha-de-corda. Os fertilizantes, *nomeadamente,* ureia, SSP e MOP foram aplicados na dose recomendada (Anon, 2009). Os vasos foram dispostos num desenho completamente aleatório (CRD) com seis repetições. Em cada vaso foram semeadas 5 sementes.

3.10.1 Pulverização de formulações

Suspensão concentrada e formulação líquida de *M. anisopliae* ($1X10^6$ esporos/ml) misturada com a melhor concentração de adjuvantes e óleos vegetais, *nomeadamente*, glicerol a 10 por cento + óleo de girassol a 0,5 por cento e glicerol a 10 por cento + óleo de girassol

@ 1 por cento, respetivamente, foram pulverizados cuidadosamente de modo a produzir 600 litros/ha (Placa 11). Foram efectuadas duas pulverizações com o atomizador n.º 600 (Holmspray T.J. Holmes. Co. Inc. Charly. Mass.) com um intervalo de 15 dias a partir dos 10 dias de sementeira. O tratamento de controlo foi pulverizado com água esterilizada.

As combinações de tratamento foram as seguintes.

T1 : Controlo (pulverização de água)

T2 : Formulação líquida (LF)

T3 : LF + Adjuvante (Glicerol 10,0%)

T4: LF + Óleo (óleo de girassol 0,5%)

T5 : LF + [Adjuvante (Glicerol 10,0%) + Óleo (Óleo de girassol 0,5%)]

T6: Concentrado de suspensão (SC)

T7 : SC + Adjuvante (Glicerol 10,0%)

T8 : SC + Óleo (óleo de girassol 1,0%)

T9 : SC + [Adjuvante (Glicerol 10,0%) + Óleo (Óleo de girassol 1,0%)]

3.10.2 Estimativa da infestação de afídeos e da incidência de doenças

Foram registadas as observações sobre a estimativa da infestação de afídeos e a incidência da doença,

A) Estimativa da infestação de afídeos

A estimativa da infestação de afídeos foi efectuada através da contagem da percentagem de infestação foliar e da percentagem de infestação de rebentos por planta e por vaso.

B) Registo de mortalidade

A mortalidade dos afídeos foi registada aos 15 e 30 dias após a pulverização.

C) Estimativa da incidência da doença

A estimativa da incidência da doença foi determinada pela contagem das plantas saudáveis e infectadas por vaso. A incidência da doença foi registada 15 e 30 dias após a pulverização.

A incidência da doença foi calculada utilizando a seguinte fórmula:

$$\% \text{ Incidência da doença} = \frac{\text{Número de unidades vegetais infectadas}}{\text{Número total (saudável e infetado) de unidades avaliadas}} \times 100$$

3.11 Teste de eficácia de bioformulações de *M. anisopliae* em condições de campo

3.11.1 Local e estação experimental

A experiência foi conduzida durante a época de verão de 2013-2014 na Quinta Experimental, Departamento de Horticultura, Universidade Agrícola de Assam, Jorhat. A quinta situa-se a 24°47' N de latitude e 94°12' E de longitude, com uma altitude de 86,8 m acima do nível médio do mar (www.aau.ac.in). O solo do sítio experimental era de textura franco-arenosa com pH 5,4.

3.11.2 Preparação do terreno

Foram efectuadas operações de pré e pós-plantação para aumentar a cultura. O campo foi preparado até ficar com uma camada fina de terra, arado cuidadosamente duas vezes com uma grade de discos puxada por um trator, seguido de gradagem cruzada, aplainamento e nivelamento. Uma vez que se tratava de uma cultura biológica de ervilha-de-corda, não foram aplicados fertilizantes químicos. O vermicomposto @ 9 t/ha foi aplicado na altura da preparação da terra e 15 dias após a sementeira.

3.11.3 Conceção da experiência

O experimento de campo foi implantado em uma área de 230 m^2 seguindo o delineamento em blocos casualizados (RBD) com seis repetições (Fig. 1). As sementes foram semeadas manualmente a 6th de janeiro de 2014, durante a estação do verão. O pacote e as práticas recomendadas (Anon, 2009) foram seguidos para o cultivo da cultura. O tamanho da parcela era de 2,5 m×2,5 m e cada parcela era constituída por cinco linhas.

3.11.4 Semeadura de sementes

Foram selecionadas para a experiência sementes de ervilha-de-corda saudáveis e sem doenças da variedade Labanya 9 (Debagiri). As sementes foram tratadas com *Trichoderma harzianum* @ 5-6 g/Kg de sementes + 0,2% de Carboximetilcelulose (CMC). Seis números de sementes foram semeados por fileiras com um espaçamento de 45 cm×30 cm.

3.11.5 Operações interculturais

A monda foi efectuada três vezes com um intervalo de 20 dias a partir dos 15 dias de sementeira. O vermicomposto foi aplicado nas linhas na altura da floração. A irrigação foi efectuada a intervalos frequentes, sempre que necessário. O empilhamento foi efectuado com a ajuda de bambu.

FIG. 1. ESQUEMA DA EXPERIÊNCIA DE CAMPO

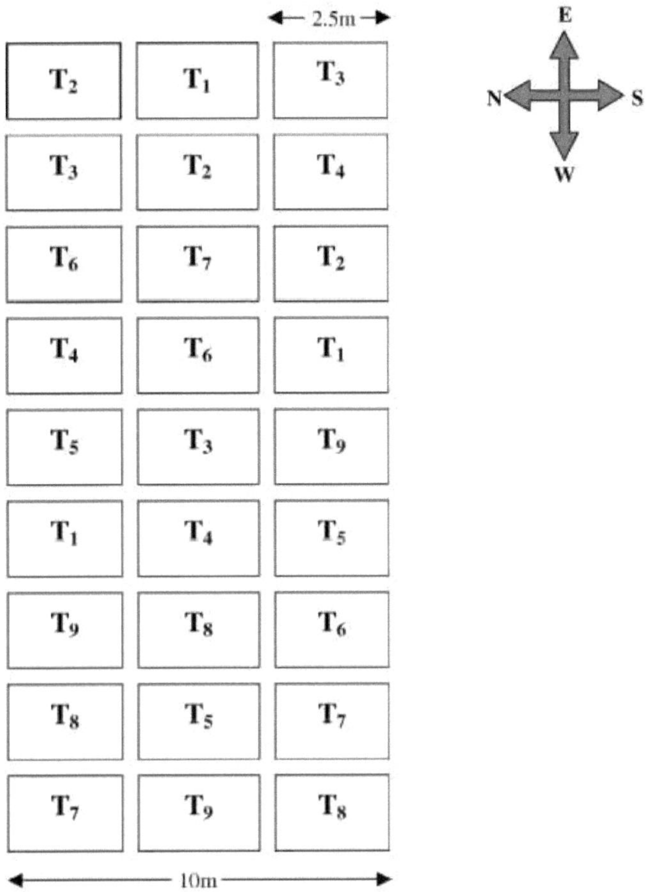

Desenho : Desenho de blocos aleatórios
Tamanho do terreno : 2,5m x 2,5m
Espaço entre blocos: 0,5 m
Número de tratamentos : 9
Número total de parcelas : 27

3.11.6 Combinações de tratamento

T1: Controlo (pulverização de água)

T2 : Formulação líquida (LF)

T3 : LF + Adjuvante (Glicerol 10,0%)

T4: LF + Óleo (óleo de girassol 0,5%)

T5 : LF + [Adjuvante (Glicerol 10,0%) + Óleo (Óleo de girassol 0,5%)]

T6: Concentrado de suspensão (SC)

T7 : SC + Adjuvante (Glicerol 10,0%)

T8 : SC + Óleo (óleo de girassol 1,0%)

T9 : SC + [Adjuvante (Glicerol 10,0%) + Óleo (Óleo de girassol 1,0%)]

3.11.7 Pulverização de bioformulações

As bioformulações do concentrado em suspensão e a formulação líquida emendada com a melhor concentração de adjuvantes e óleos vegetais *viz.*, Glicerol @ 10 por cento + óleo de girassol @ 0,5 por cento e Glicerol @ 10 por cento + óleo de girassol @ 1 por cento respetivamente @ $1X10^6$ esporos/ ml foram pulverizados cuidadosamente com a ajuda de um pulverizador de costela (Co. Aspee) (Placa 19). A pulverização foi efectuada duas vezes com as bioformulações a 10 ml/L de água, com um intervalo de 15 dias a partir dos 10 dias de sementeira. As parcelas de controlo foram pulverizadas com água esterilizada. A experiência foi repetida seis vezes.

3.11.8 Registo da infestação de afídeos e da incidência de doenças

A percentagem de incidência de afídeos foi calculada através da contagem das plantas saudáveis e infectadas por parcela. A mortalidade dos afídeos e a incidência da doença foram registadas de acordo com o método mencionado na coluna 3.10.2 (B e C).

3.12 Efeito de diferentes tratamentos no rendimento e na relação custo-benefício da cultura do feijão-frade

O registo do rendimento em termos de peso de vagens saudáveis de cada parcela que recebeu diferentes tratamentos de bioformulações foi recolhido na altura da colheita. A relação custo-benefício foi calculada avaliando o valor do rendimento em relação ao controlo e dividindo-o pelo custo total das despesas incorridas com os tratamentos, como se mostra a seguir

$$\text{Custo-benefício} = \frac{\text{Valor do rendimento sobre o controlo}}{\text{Custo das despesas efectuadas}}$$

3.13 Análise estatística

Os dados foram submetidos a uma análise estatística pelo método de análise de variância de Fisher. A significância da variância entre os dados foi calculada calculando o valor "F" e comparando-o com os valores tabelados a um nível de probabilidade de 5 por cento. A mortalidade corrigida foi calculada pela fórmula de Abbott (1925). Os valores percentuais foram transformados por transformação angular. As médias dos diferentes tratamentos foram comparadas com a diferença crítica (DC).

3.14 Estudo das alterações morfológicas de *A. craccivora* devido à infeção por *M. anisopliae*

3.14.1 Preparação da amostra

3.14.1.1 Amostra

A amostra para o estudo das alterações morfológicas do inseto-alvo após tratamento com *M. anisopliae* foi o pulgão da ervilha-de-corda (*A. craccivora*) infestado com *M. anisopliae*. Os afídeos infestados foram recolhidos das plantas de ervilha-de-corda já estabelecidas na experiência em vaso. Os afídeos infestados foram raspados dos ramos da planta de ervilha-de-corda com a ajuda de uma escova fina (Colink Sable Hair n.º 10) ou com uma pinça e mantidos num papel de filtro Whatman n.º 10.

3.14.1.2 Limpeza de amostras

Antes da caraterização por MEV, as amostras foram cuidadosamente desengorduradas e secas para eliminar quaisquer resíduos de contaminação orgânica e água. Por conseguinte, os afídeos infestados foram limpos por ultra-sons com álcool.

3.14.1.3 Secagem de amostras

Antes de efetuar a caraterização por SEM, as amostras foram submetidas a "secagem crítica". Para a secagem crítica, os insectos infestados foram mantidos em frascos de plástico (2 ml) contendo etanol absoluto durante pelo menos um mês. As amostras foram verificadas periodicamente para garantir que a dose de etanol não se evaporava do recipiente. Os afídeos infestados foram então removidos, lavados suavemente com etanol absoluto e deixados a secar numa lâmina de cavidade coberta (para evitar o pó) durante pelo menos vários dias.

3.14.1.4 Dissecação dos insectos secos

Algumas amostras de afídeos infestados foram dissecadas em três partes (cabeça, tórax e abdómen) com a ajuda de uma lâmina afiada. A dissecação foi efectuada ao microscópio esterioscópico (Carl Zeiss).

3.14.1.5 Revestimento da amostra

Secções de afídeos infestados e corpos inteiros de afídeos infestados foram revestidos com ouro ou ouro-paládio para os tornar condutores. O revestimento foi aplicado a uma espessura de cerca de 20 nanómetros, que era demasiado fina para interferir com as dimensões das caraterísticas da superfície.

3.14.1.6 Montagem e carregamento da amostra

Os suportes de amostras estão disponíveis em diferentes tamanhos (32 mm, 51 mm e 76 mm). O suporte de amostras de 76 mm e a placa fina foram utilizados de acordo com o tamanho da amostra. As amostras foram fixadas à placa fina com fitas de carbono ou cobre de dupla face. As placas de amostras foram colocadas no suporte de amostras correspondente de forma segura e fixadas com parafusos de fixação. Em seguida, transferiu-se o suporte de amostras para dentro ou para fora da câmara de amostras, utilizando a ferramenta de troca de amostras. Após o carregamento da amostra, premiu-se o botão de libertação da ferramenta de troca de amostras e, em seguida, retirou-se o suporte do gancho.

3.14.2 Imagem ao microscópio eletrónico de varrimento (SEM)

As amostras foram observadas em SEM e foram tiradas fotografias SEM para obter alterações morfológicas pormenorizadas do corpo do inseto no Departamento de Física da Universidade de Tezpur, Assam.

CAPÍTULO III
RESULTADOS EXPERIMENTAIS

O presente estudo foi realizado com o objetivo de desenvolver bioformulações de *Metarhizium anisopliae* (Metschnikoff) Sorokin para a gestão da doença do mosaico da ervilha-de-corda. Os resultados de diferentes experiências relacionadas com os estudos são apresentados neste capítulo.

4.1 Efeito dos adjuvantes e dos óleos vegetais nas bioformulações

4.1.1 Efeito dos adjuvantes no concentrado em suspensão

Para ver o efeito dos adjuvantes no concentrado em suspensão, foram testados três adjuvantes: glicerol a 5,0, 8,0 e 10,0 por cento; tween-80 a 0,02, 0,04, 0,06 e 1,0 por cento e óleo de aracnídeo a 1,0, 5,0 e 10,0 por cento (placa 7a). Foram efectuadas observações sobre a área de superfície coberta (%) e a produção de biomassa (g) aos 3, 5, 7, 10 e 15 dias após os tratamentos. Entre os adjuvantes, o glicerol a 10,0 por cento foi considerado significativamente eficaz, cobrindo a maior área de superfície com a maior produção de biomassa em todos os dias de observação (Quadro 2 e Fig. 2).

No 3rd dia do tratamento, com glicerol @ 10,0% o fungo cobriu significativamente a maior área de superfície (96,67%). Seguiu-se o glicerol a 8,0 por cento (91,83%). Estes dois tratamentos foram significativamente superiores aos restantes tratamentos. Estes foram seguidos por tween-80 @ 1,0 por cento e 0,06 por cento com uma área de superfície coberta de 84,33 por cento e 83,62 por cento, respetivamente. Estes dois tratamentos foram significativamente diferentes um do outro.

No dia 5th , verificou-se um crescimento significativamente mais elevado (96,67%) em glicerol a 10,0%, bem como em 8,0% (96,67%). Seguiu-se o tween-80 @ 1,0 por cento e 0,06 por cento com uma percentagem de área de superfície coberta de 96,33 por cento e 93,33 por cento, respetivamente. Estes tratamentos apresentaram resultados significativamente melhores do que os restantes tratamentos.

Da mesma forma, aos 7th e 10th dias após o tratamento, o glicerol @ 10,0 por cento foi considerado significativamente superior aos restantes tratamentos, cobrindo a área de superfície mais elevada de 98,33 por cento, seguido do glicerol @ 8 por cento (Quadro 2). No 7.oth dia, o tratamento com glicerol @ 8,0 por cento estava ao mesmo nível que o tratamento com tween-80 @ 1,0 por cento, com uma área de superfície coberta de 96,67 por cento e 96,60 por cento, respetivamente.

No 15^{oth} dia após o tratamento, a área de superfície mais elevada foi coberta (100,0%) pelo fungo tratado com glicerol @ 10,0 por cento (placa 7.b), seguido de glicerol @ 8,0 por cento (98,33%). Estes foram ainda seguidos por tween-80 @ 1,0 por cento e óleo de aracnídeo @ 10,0 por cento, cobrindo uma área de superfície de 98,00 por cento e 86,67 por cento, respetivamente (Quadro 2). Todos os tratamentos foram significativamente diferentes uns dos outros.

Os dados apresentados na tabela 2 mostraram que no dia 15th as diferenças foram significativas na produção de biomassa em todos os tratamentos. O concentrado de suspensão alterado com 10% de glicerol foi considerado significativo com a maior biomassa de 2,86 g, seguido de glicerol a 8,0% (2,64 g). Todos os adjuvantes *viz.,* glicerol (1,15-2,86 g), tween-80 (1,17-2,63 g) e óleo de aracnídeo (1,17-2,46 g) em todas as concentrações produziram maior biomassa do que o controlo não tratado (1,10 g) (Fig. 2).

Quando comparámos diferentes adjuvantes tratados com concentrados de suspensão, independentemente da concentração, verificámos que o glicerol apresentou um melhor desempenho do que o tween-80 e o óleo de aracnídeo em termos de área de superfície coberta (%), bem como de produção de biomassa (g). Quando comparámos o tween-80 com o óleo de aracnídeo, o tween-80 foi considerado superior, com uma área de superfície coberta de 79,57% e 67,22% e uma produção de biomassa de 1,46 g e 0,91 g, respetivamente. Em comparação do controlo com os restantes tratamentos, os restantes tratamentos foram considerados significativamente superiores ao controlo (Quadro 2).

4.1.2 Efeito dos adjuvantes na formulação líquida

Os adjuvantes como glicerol, tween-80 e óleo de aracnídeo foram adicionados individualmente à formulação líquida de *M. anisopliae* (Placa 8 a-b) e os resultados com respeito aos seus efeitos no crescimento e desenvolvimento de *M. anisopliae* são apresentados na Tabela 3. No caso da formulação líquida, foram encontrados resultados semelhantes aos do concentrado em suspensão, isto é, glicerol a 10,0 por cento cobrindo a área de superfície mais elevada de 98,33 por cento, seguido de glicerol a 8,0 por cento (96,00%) em 15th dias após o tratamento (Quadro 3 e Fig. 3). Estes dois tratamentos foram significativamente superiores aos restantes tratamentos.

Em 3rd , 5th , 7th e 10th dia após o tratamento, o glicerol @ 10,0 por cento foi considerado significativamente eficaz com aumento da área de superfície coberta (%) de 23,33 por cento para 98,33 por cento. Seguiu-se o glicerol @ 8,0 por cento com um aumento da área de superfície coberta (%) de 21,33 por cento para 96,00 por cento.

Quadro 2. Eficácia *in vitro* dos adjuvantes no concentrado em suspensão de *M. anisopliae*

Tratamentos	Concentração (%)	Área de superfície coberta (%) por *M. anisopliae* após					Biomassa em 15th dia/40 ml (g)
		3 dias	5 dias	7 dias	10 dias	15 dias	
Controlo (*M. anisopliae* Apenas)		20.00	20.00	20.00	20.00	20.00	1.10
Glicerol	5.0	20.08	23.33	25.00	28.33	30.00	1.15
	8.0	91.83	96.67	96.67	96.67	98.33	2.64
	10.0	96.67	96.67	98.33	98.33	100.00	2.86
Tween-80	0.02	25.17	30.00	30.00	35.00	35.00	1.17
	0.04	64.83	81.67	81.67	85.00	88.33	1.94
	0.06	83.62	93.33	93.33	96.67	96.67	2.10
	1.0	84.33	96.33	96.60	96.67	98.00	2.63
Óleo de aracnídeo	1.0	15.42	28.33	35.00	35.00	35.33	1.17
	5.0	24.83	35.20	40.00	46.67	80.00	1.80
	10.0	80.00	85.00	85.00	86.67	86.67	2.46
SEd(±)		0.230	0.891	0.571	0.713	0.782	0.030
$CD0_{.05}$		0.471	1.550	1.372	1.492	1.465	0.103
Glicerol *vs* Tween-80							
Glicerol		69.53	72.22	72.78	73.89	79.11	1.82
Tween-80		64.49	75.92	75.83	78.75	76.58	1.46
SEd(±)		0.990	1.142	1.119	1.086	0.768	0.020
$CD0_{.05}$		2.904	3.349	3.282	3.184	2.252	0.058
Glicerol *vs* Óleo de aracnídeo							
Glicerol		69.53	72.22	72.78	73.89	79.11	1.82
Óleo de aracnídeo		40.08	49.51	53.33	56.11	67.22	0.91
SEd(±)		1.058	1.206	1.196	1.161	0.821	0.021
$CD0_{.05}$		3.104	3.580	3.509	3.404	2.401	0.062

Tratamentos	Concentração (%)	Área de superfície coberta (%) por *M. anisopliae* após					Biomassa em 15th dia/40 ml (g)
		3 dias	5 dias	7 dias	10 dias	15 dias	
Tween-80 *vs* Óleo de aracnídeo							
Tween-80		64.49	75.92	75.78	78.75	79.58	1.46
Óleo de aracnídeo		40.08	49.51	53.33	56.11	67.22	0.91
SEd(±)		0.990	1.142	1.119	1.086	0.768	0.020
CD0.05		2.904	3.349	3.282	3.184	2.252	0.058
Controlo *vs* restantes tratamentos							
Controlo		20.00	20.00	20.00	20.00	20.00	1.10
Resto dos tratamentos		58.68	66.89	68.17	70.50	74.83	1.40
SEd(±)		1.360	1.568	1.537	1.491	1.054	0.027
CD0.05		3.988	4.599	4.507	4.372	3.092	0.080

Os dados são a média de três repetições

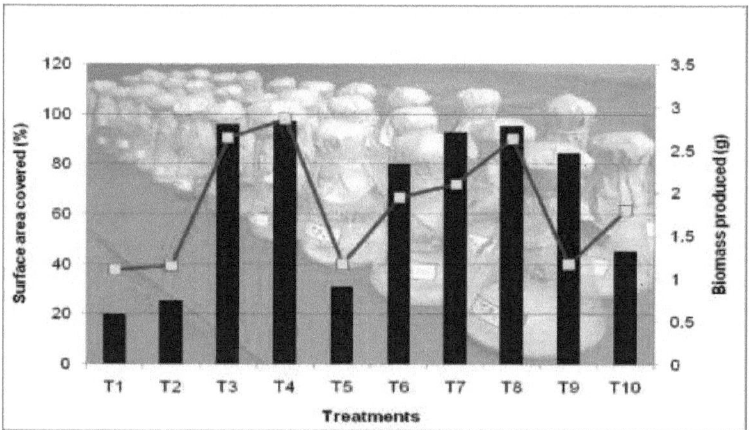

FIG. 2. EFEITO DOS ADJUVANTES NA ÁREA SUPERFICIAL COBERTA (%) E NA PRODUÇÃO DE BIOMASSA (g) DE *M. anisopliae* EM CONCENTRADO DE SUSPENSÃO

No dia 15th , registou-se um aumento da área de superfície coberta (%) de 50,33 para 98,33% com o aumento da concentração de glicerol de 8,0% para 10,0%. Do mesmo modo, no caso do tween-80 e do óleo de aracnídeo, também se registou um aumento da área de superfície coberta (%) de 15,25 para 25,00 por cento e de 15,00 para 22,00 por cento, respetivamente, com o aumento da concentração de adjuvantes.

As observações sobre a produção de biomassa 15 dias após o tratamento revelaram que todos os tratamentos foram significativamente superiores ao controlo. O glicerol @ 10,0 por cento foi considerado significativamente eficaz produzindo a maior biomassa de 3,62 g seguido pelo glicerol @ 8,0 por cento (3,53 g). Estes dois tratamentos mostraram uma biomassa significativamente mais elevada do que o glicerol a 5,0 por cento (2,52 g). A formulação líquida alterada com tween-80 @ 1,0 por cento foi considerada significativamente eficaz com biomassa de 0,41 g do que 0,02, 0,04 e 0,06 por cento (Tabela 3). As outras três concentrações de tween-80 (0,02, 0,04 e 0,06%) diferem significativamente umas das outras. No caso do óleo de aracnídeo, *o M. anisopliae* produziu 0,21 g a 0,28 g de biomassa, o que mostrou um aumento na produção de biomassa (g) com o aumento das concentrações de adjuvantes.

Quando comparámos formulações líquidas alteradas com glicerol com tween-80 e óleo de aracnídeo, independentemente da concentração, o glicerol foi considerado um adjuvante altamente promissor com a maior área de superfície coberta (81,56%) e produção de biomassa (3,22 g). Quando comparámos o tween-80 com o óleo de aracnídeo, o tween-80 apresentou um melhor desempenho em termos de área de superfície coberta (20,21%) e produção de biomassa (0,18 g) do que o óleo de aracnídeo, com 16,17% e 0,16 g de área de superfície coberta e produção de biomassa, respetivamente. Em comparação do controlo com o resto dos tratamentos, todas as formulações líquidas tratadas com adjuvante foram consideradas significativamente eficazes do que o controlo não tratado (Quadro 3 e Fig. 3).

Tabela 3. **Eficácia *in vitro* dos adjuvantes na bioformulação líquida de *M. anisopliae***

Tratamentos	**Concentração (%)**	**Área de superfície coberta (%) por *M. anisopliae* após**					**Biomassa em 15th dia/40 ml (g)**
		3 dias	**5 dias**	**7 dias**	**10 dias**	**15 dias**	
Controlo (apenas *M. anisopliae*)		5.43	10.00	10.22	15.00	15.17	0.20
Glicerol	5.0	19.63	31.50	39.83	39.83	50.33	2.52
	8.0	21.33	30.33	66.33	85.00	96.00	3.53
	10.0	23.33	33.33	80.00	86.67	98.33	3.62
Tween-80	0.02	5.17	15.00	15.00	15.00	15.25	0.22
	0.04	9.52	15.17	16.83	17.17	20.00	0.24
	0.06	10.23	16.92	18.33	20.00	20.83	0.26
	1.0	19.00	20.07	24.33	24.17	25.00	0.41
Óleo de aracnídeo	1.0	10.00	10.17	14.33	15.00	15.00	0.21
	5.0	5.51	10.42	10.47	18.50	18.50	0.23
	10.0	10.03	20.20	20.08	21.83	22.00	0.28
SEd(±)		0.172	0.065	0.250	0.898	0.114	0.033
$CD_{0.05}$		0.323	0.151	0.510	1.523	0.244	0.089
Glicerol *vs* Tween-80							
Glicerol		21.43	31.72	62.06	70.50	81.56	3.22
Tween-80		10.98	16.79	18.63	19.08	20.21	0.18
SEd(±)		0.220	0.261	0.497	0.480	0.598	0.017
$CD_{0.05}$		0.650	0.782	1.464	1.418	1.750	0.051
Glicerol *vs* Óleo de aracnídeo							
Glicerol		21.43	31.72	62.06	70.50	81.56	3.22
Óleo de aracnídeo		8.51	13.59	14.96	15.11	16.17	0.16
SEd(±)		0.230	0.280	0.532	0.513	0.639	0.018
$CD_{0.05}$		0.700	0.831	1.561	1.516	1.870	0.055

Tratamentos	Concentração (%)	Área de superfície coberta (%) por *M. anisopliae* após					Biomassa em 15th dia/40 ml (g)
		3 dias	5 dias	7 dias	10 dias	15 dias	
Tween-80 *vs* Óleo de aracnídeo							
Tween-80		10.98	16.79	18.63	19.08	20.21	0.18
Óleo de aracnídeo		8.51	13.59	14.96	15.11	16.17	0.16
SEd(±)		0.210	0.272	0.503	0.491	0.611	0.017
$CD0_{.05}$		0.642	0.800	1.482	1.453	1.781	0.051
Controlo *vs* restantes tratamentos							
Controlo		5.43	10.00	10.22	15.00	15.17	0.20
Resto dos tratamentos		13.38	20.31	30.56	33.32	37.40	1.08
SEd(±)		0.310	0.361	0.683	0.667	0.811	0.024
$CD0_{.05}$		0.930	1.072	2.015	1.942	2.402	0.070

Os dados são a média de três repetições

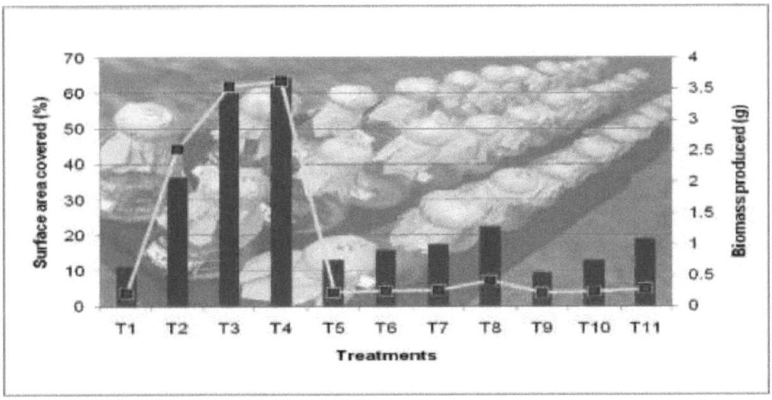

FIG. 3. EFEITO DOS ADJUVANTES NA ÁREA SUPERFICIAL COBERTA (%) E NA PRODUÇÃO DE BIOMASSA (g) DE *M. anisopliae* EM FORMULAÇÃO LÍQUIDA

4.1.3 Efeito dos óleos vegetais no concentrado em suspensão

Seis óleos vegetais em três concentrações diferentes @ 0,1, 0,5 e 1,0 por cento foram testados para ver o seu efeito no crescimento e desenvolvimento de *M. anisopliae* em suspensão concentrada (placa 9a).

No 3rd dia após o tratamento, todos os tratamentos apresentaram uma área de superfície coberta significativamente mais elevada do que o tratamento com óleo de aracnídeo a 0,1 por cento (Quadro 4, Fig. 4). A partir do 5th dia, registou-se um aumento gradual da área de superfície coberta (%) com o aumento da concentração dos óleos. O óleo de girassol a 1,0 por cento foi considerado significativamente eficaz, cobrindo a área de superfície mais elevada de 98,33 por cento, seguido do óleo de girassol a 0,5 por cento com uma área de superfície coberta de 81,67 por cento. A área de superfície coberta pelo concentrado de suspensão alterado com óleo de girassol a 0,1 por cento foi igual à do óleo de girassol a 0,5 por cento. Do mesmo modo, o óleo de soja a 0,1 por cento (20,00%) e 0,5 por cento (20,17%) e o óleo de aracnídeo a 0,5 por cento e 1,0 por cento estavam ao mesmo nível, respetivamente (Quadro 4).

No dia 7th em diante, o óleo de girassol @ 1,0 por cento foi considerado altamente promissor com cobertura total da área de superfície (100%). Seguiu-se o óleo de soja a 0,5 e 1,0 por cento com uma cobertura da área de superfície de 90,00 por cento (Tabela 4 e Fig. 4). Todos os tratamentos diferiram significativamente no que respeita à área de superfície coberta (%).

Os dados apresentados no quadro 4 mostraram um crescimento significativamente mais elevado (94,67 a 100%) em 10 dias após a adição de óleo de girassol @ 0,5 a 1,0 por cento do que os restantes tratamentos. Seguiu-se o óleo de soja @ 0,5 a 1,0 por cento com uma área de superfície coberta de 90,00 por cento.

No 15oth dia após o tratamento, foram encontrados resultados semelhantes aos do 10oth dia após o tratamento. O óleo de girassol @ 1,0 por cento cobriu significativamente a área de superfície mais alta de 100 por cento (Placa 9 b I) seguido pelo óleo de girassol @ 0,5 por cento (95,00%). Todos os tratamentos diferiram significativamente uns dos outros, exceto o óleo de cártamo a 1,0 por cento. Este estava ao mesmo nível que o óleo de girassol 0,5 por cento e o óleo de soja 0,5 estava ao mesmo nível que o óleo de soja 1,0 por cento (Quadro 4).

A Tabela 4 revelou que todos os tratamentos mostraram um aumento na produção de biomassa com o aumento da concentração de óleos. A partir das observações sobre a produção de biomassa, o óleo de girassol foi considerado significativamente superior aos restantes tratamentos, com uma produção de biomassa de 4,15 g. Seguiu-se o óleo de girassol a 0,5 por cento, que produziu 3,60 g de biomassa. Em todos os concentrados de suspensão tratados com óleo, verificou-se uma produção de biomassa significativamente mais elevada do que o controlo não tratado (0,05 g) (placa 9 b II).

Quando comparámos diferentes óleos vegetais tratados com concentrados de suspensão, independentemente da concentração, o óleo de girassol foi considerado altamente eficaz do que os restantes óleos (Quadro 4 e Fig. 4). Em comparação do óleo de cártamo com o óleo de soja, o óleo de mostarda, o óleo de aracnídeo e o óleo de coco, o óleo de cártamo apresentou um melhor desempenho em termos de área de superfície coberta (%), bem como de produção de biomassa (g). Quando comparámos o óleo de soja com os óleos de mostarda, de aracnídeos e de coco, o óleo de soja revelou-se significativamente eficaz. Independentemente da concentração, o óleo de côco foi considerado superior ao óleo de mostarda.

Tabela 4. Eficácia *in vitro* dos óleos vegetais no concentrado em suspensão de *M. anisopliae*

Tratamentos	Concentração (%)	Área de superfície coberta (%) por *M. anisopliae* após					Biomassa em 15th dia/40 ml (g)
		3 dias	5 dias	7 dias	10 dias	15 dias	
Controlo (apenas *M. anisopliae*)		10.00	20.00	50.00	50.00	50.00	0.05
Óleo de girassol	0.1	20.00	50.48	80.00	86.67	90.00	3.10
	0.5	20.00	81.67	81.67	94.67	95.00	3.60
	1.0	30.00	98.33	100.0 0	100.00	100.00	4.15
Óleo de cártamo	0.1	25.00	30.00	60.00	80.00	80.00	2.34
	0.5	20.00	50.00	75.00	80.00	85.00	2.79
	1.0	10.00	30.00	50.00	80.00	95.00	3.03
Óleo de soja	0.1	20.17	52.33	61.67	70.00	70.00	1.53
	0.5	20.00	70.00	90.00	90.00	90.00	3.21
	1.0	30.00	80.00	90.00	90.00	90.00	3.43
Óleo de mostarda	0.1	10.00	25.00	23.33	33.33	50.00	1.26
	0.5	25.00	73.33	80.67	80.67	80.17	2.23
	1.0	20.00	73.33	86.67	86.67	86.67	2.49
Óleo de aracnídeo	0.1	6.67	20.00	20.00	16.67	50.00	0.06
	0.5	10.00	20.00	20.00	30.00	55.00	0.08
	1.0	10.00	31.67	40.00	50.00	80.90	2.27
Óleo de coco	0.1	10.00	30.00	50.00	50.00	58.00	1.18
	0.5	11.67	40.00	80.00	80.00	88.33	3.03
	1.0	25.00	60.33	76.67	80.00	89.00	3.11
SEd(±)		0.540	0.310	1.433	2.760	1.691	0.050
CDO.05		1.551	0.962	2.120	4.910	3.060	0.162
Óleo de girassol *vs* Óleo de cártamo							
Óleo de girassol		23.33	76.27	87.22	93.78	95.00	3.56
Óleo de cártamo		18.33	63.33	78.33	78.33	90.00	2.72
SEd(±)		0.360	0.751	0.830	1.600	0.982	0.023
CD 0,05		0.890	2.170	2.371	3.560	2.912	0.091

Tratamentos	Concentração (%)	Área de superfície coberta (%) por *M. anisopliae* após					Biomassa em 15th dia/40 ml (g)
		3 dias	5 dias	7 dias	10 dias	15 dias	
Óleo de girassol *vs* Óleo de soja							
Óleo de girassol		23.33	76.27	87.22	93.78	95.00	3.56
Óleo de soja		23.39	71.33	87.22	90.00	90.00	2.73
SEd(±)		0.310	0.752	0.833	1.590	0.982	0.026
CD $_{0,05}$		0.899	2.172	2.378	2.561	2.912	0.099
Óleo de girassol *vs* Óleo de mostarda							
Óleo de girassol		23.33	76.27	87.22	93.78	95.00	3.56
Óleo de mostarda		18.33	57.22	63.56	66.89	72.28	1.99
SEd(±)		0.360	0.679	0.842	1.590	0.971	0.040
CD $_{0,05}$		0.890	2.132	2.290	2.561	2.900	1.020
Óleo de girassol *vs* Óleo de aracnídeo							
Óleo de girassol		23.33	76.27	87.22	93.78	95.00	3.56
Óleo de aracnídeo		8.89	23.89	26.67	32.22	51.67	0.80
SEd(±)		0.410	0.650	0.731	1.492	0.980	0.024
CD $_{0,05}$		0.880	2.165	2.270	4.460	2.900	0.095
Óleo de girassol *vs* Óleo de coco							
Óleo de girassol		23.33	76.27	87.22	93.78	95.00	3.56
Óleo de coco		15.56	43.44	68.89	70.00	72.78	2.60
SEd(±)		0.311	0.754	0.833	1.600	0.990	0.027
CD $_{0,05}$		0.890	2.172	2.375	4.650	2.999	0.099
Óleo de cártamo *vs* Óleo de soja							
Óleo de cártamo		18.33	63.33	78.33	78.33	90.00	2.72
Óleo de soja		23.39	71.33	87.22	90.00	90.00	2.73
SEd(±)		0.323	0.755	0.790	1.590	0.981	0.350
CD $_{0,05}$		0.879	2.175	2.234	4.560	2.902	1.210

Tratamentos	Concentração (%)	Área de superfície coberta (%) por *M. anisopliae* após					Biomassa em 15th dia/40 ml (g)
		3 dias	5 dias	7 dias	10 dias	15 dias	
Óleo de cártamo							
vs							
Óleo de mostarda							
Óleo de cártamo		18.33	63.33	78.33	78.33	90.00	2.72
Óleo de mostarda		18.33	57.22	63.56	66.89	72.28	1.99
SEd(±)		0.022	0.641	0.720	1.501	0.750	0.011
$CD_{0,05}$		0.750	2.152	2.010	4.500	2.900	0.081
Óleo de cártamo							
vs							
Óleo de aracnídeo							
Óleo de cártamo		18.33	63.33	78.33	78.33	90.00	2.72
Óleo de aracnídeo		8.89	23.89	26.67	32.22	51.67	0.80
SEd(±)		0.314	0.742	0.842	1.601	0.971	0.012
$CD_{0,05}$		0.899	2.162	2.371	4.590	2.905	0.078
Óleo de cártamo							
vs							
Óleo de coco							
Óleo de cártamo		18.33	63.33	78.33	78.33	90.00	2.72
Óleo de coco		15.56	43.44	68.89	70.00	72.78	2.60
SEd(±)		0.312	0.751	0.830	1.590	0.982	0.015
$CD_{0,05}$		0.890	2.171	2.370	4.560	2.903	0.099
Óleo de soja *vs*							
Óleo de mostarda							
Óleo de soja		23.39	71.33	87.22	90.00	90.00	2.73
Óleo de mostarda		18.33	57.22	63.56	66.89	72.28	1.99
SEd(±)		0.311	0.750	0.832	1.592	0.980	0.031
$CD_{0,05}$		0.890	2.173	2.372	4.561	2.900	0.091
Óleo de soja *vs.*							
óleo de aracnídeo							
Óleo de soja		23.39	71.33	87.22	90.00	90.00	2.73
Óleo de aracnídeo		8.89	23.89	26.67	32.22	51.67	0.80
SEd(±)		0.220	0.567	0.455	1.255	0.144	0.044
$CD_{0,05}$		0.810	2.123	2.547	4.562	2.902	0.091

Tratamentos	Concentração (%)	Área de superfície coberta (%) por *M. anisopliae* após					Biomassa em 15th dia/40 ml (g)
		3 dias	5 dias	7 dias	10 dias	15 dias	
Óleo de soja *vs* Óleo de coco							
Óleo de soja		23.39	71.33	87.22	90.00	90.00	2.73
Óleo de coco		15.56	43.44	68.89	70.00	72.78	2.60
SEd(±)		0.566	0.323	0.832	1.591	0.982	0.032
CD $_{0,05}$		2.114	2.172	2.372	4.564	2.902	0.099
Óleo de mostarda *vs* Óleo de aracnídeo							
Óleo de mostarda		18.33	57.22	63.56	66.89	72.28	1.99
Óleo de aracnídeo		8.89	23.89	26.67	32.22	51.67	0.80
SEd(±)		0.31	0.750	0.825	1.590	0.973	0.034
CD $_{0,05}$		0.89	2.180	2.381	4.562	2.899	0.101
Óleo de mostarda *vs* Óleo de coco							
Óleo de mostarda		18.33	57.22	63.56	66.89	72.28	1.99
Óleo de coco		15.56	43.44	68.89	70.00	72.78	2.60
SEd(±)		0.320	0.744	0.750	1.592	0.965	0.025
CD $_{0,05}$		0.895	2.178	2.339	4.552	2.873	0.089
Óleo de aracnídeo *vs* óleo de coco							
Óleo de aracnídeo		8.89	23.89	26.67	32.22	51.67	0.80
Óleo de coco		15.56	43.44	68.89	70.00	72.78	2.60
SEd(±)		0.311	0.752	0.831	1.590	0.980	0.030
CD$_{0.05}$		0.892	2.173	2.372	4.561	2.900	0.090
Controlo *vs.* Restantes tratamentos							
Controlo		10.00	20.00	50.00	50.00	50.00	0.05
Resto dos tratamentos		17.97	55.92	68.65	71.87	78.62	2.40
SEd(±)		0.390	0.951	1.040	2.000	1.230	0.040
CD$_{0.05}$		1.120	2.730	2.992	5.740	3.530	0.110

Os dados são a média de três repetições

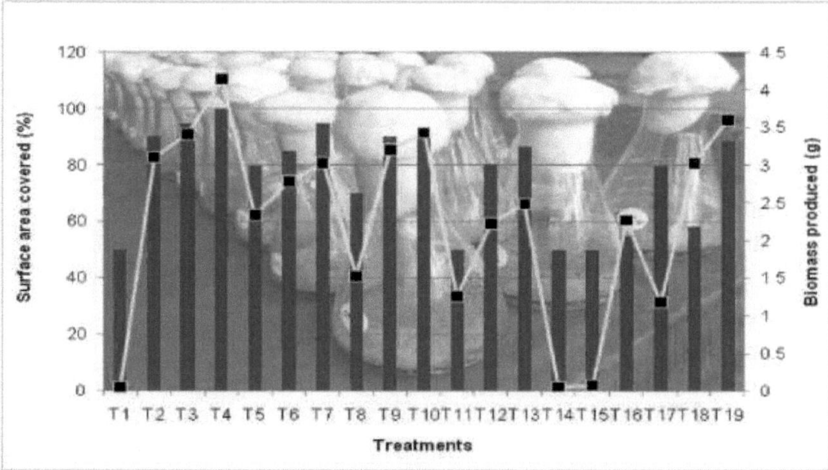

FIG. 4. EFEITO DA ÁREA DE SUPERFÍCIE DOS ÓLEOS VEGETAIS COBERTOS (%) E DA PRODUÇÃO DE BIOMASSA (g) DE *M.anisopliae* EM CONCENTRADO DE SUSPENSÃO

Placa 7(a-b). Efeito dos adjuvantes na área de superfície coberta (%) e na produção de biomassa (g) de *M. anisopliae* em suspensão concentrada

a. Vista geral da experiência

b. Melhor tratamento do concentrado em suspensão com maior cobertura de biomassa

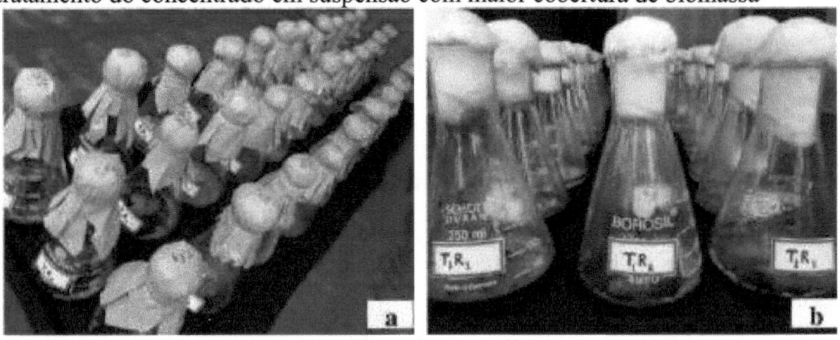

Placa 8(a-b). Efeito dos adjuvantes na área de superfície coberta (%) e na produção de biomassa (g) de *M. anisopliae* em formulação líquida

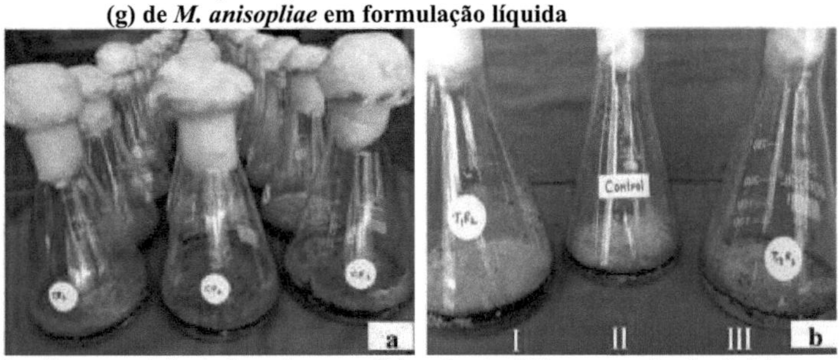

Placa 9(a-b). Efeito dos óleos vegetais na área de superfície coberta (%) e na produção de biomassa (g) de *M. anisopliae* em suspensão concentrada

a. Visão geral da experiência

b (I-III). Efeito dos óleos vegetais no concentrado em suspensão de *M. anisopliae*

I. Óleo de girassol (1,0 %)

II. Controlo (apenas *M. anisopliae*)

III. Óleo de aracnídeo (0,1%) mostarda e óleo de aracnídeo. Em comparação do controlo com os restantes tratamentos, todos os concentrados de suspensão tratados com óleo foram considerados significativamente eficazes do que o controlo.

4.1.4 Efeito dos óleos vegetais na formulação líquida

Observações sobre a área de superfície coberta (%) aos 3 dias após o tratamento revelaram que todas as combinações de tratamento foram significativamente superiores (4,00 a 4,67%) à formulação líquida isolada (2,00%) para cobertura do crescimento da superfície (Tabela 5, Fig. 5 e Placa 10a). O óleo de girassol @ 0,5 por cento (Placa 10 b II) provou ser o melhor, cobrindo a maior área de superfície (4,67%), seguido pelo óleo de girassol @ 1,0 por cento (4,33%). No entanto, os tratamentos como cártamo @ 0,1 por cento, óleo de soja @ 0,1 por cento, 0,5 por cento, óleo de mostarda @ 0,1 por cento, 0,5 por cento, óleo de aracnídeo 1,0 por cento (Placa 10 b III) e óleo de coco @ 0,1 por cento foram iguais ao controlo.

Em 5th dias após o tratamento, a cultura de fungos com óleo de girassol a 0,5 por cento foi significativamente eficaz, com a maior área de superfície coberta (40,00%), seguida de óleo de girassol a 1,0 por cento, com uma área de superfície coberta de 35,00 por cento (Quadro 5 e Fig. 5). Seguiu-se o óleo de cártamo a 1,0 por cento, que cobriu uma área de superfície de 31,67 por cento.

Da mesma forma, aos 7th e 10th dias após o tratamento, o óleo de girassol @ 0,5 por cento manteve a sua superioridade sobre os restantes tratamentos, com uma cobertura da área de superfície de 90,00 por cento e 100,00 por cento, respetivamente. Após 7th dias de tratamento, a formulação líquida alterada com óleo de soja @ 0,1 por cento (31,67%) estava a par com óleo de mostarda @ 0,5 por cento (30,00%) e óleo de coco @ 0,1 por cento (31,67%), respetivamente. O óleo de cártamo @ 1,0 por cento foi considerado o segundo melhor tratamento, cobrindo uma área de superfície de 95,00 por cento em 10th dia após o tratamento (Tabela 5).

No 15oth dia após o tratamento, a maior área de superfície foi coberta (100,0%) por *M. anisopliae* tratado com óleo de girassol @ 0,5 por cento (Placa 10 c) seguido por óleo de cártamo @ 1,0 por cento (99,67%). Ambos os tratamentos foram significativamente superiores aos restantes tratamentos. Todas as formulações líquidas tratadas com óleo cobriram uma área de superfície superior à do controlo não tratado (50,00%) (Placa 10 b I).

No caso da produção de biomassa, no dia 15th a formulação líquida alterada com 0,5 por cento de óleo de girassol foi considerada significativa com a biomassa mais elevada de 4,06 g, seguida de óleo de cártamo a 1,0 por cento (4,04 g). Estes foram seguidos pelo óleo de cártamo a 0,5 por cento e pelo óleo de girassol a 1,0 por cento com uma biomassa de 3,97 g e 3,59 g, respetivamente.

Tabela 5. Eficácia *in vitro* dos óleos vegetais na bioformulação líquida de *M. anisopliae*

Tratamentos	Concentração (%)	Área de superfície coberta (%) por *M. anisopliae* após					Biomassa em 15th dia/40 ml (g)
		3 dias	5 dias	7 dias	10 dias	15 dias	
Controlo (apenas *M. anisopliae*)		2.00	7.67	20.00	35.00	50.00	1.35
Óleo de girassol	0.1	4.00	21.67	33.33	78.33	83.33	2.52
	0.5	4.67	40.00	90.00	100.00	100.00	4.06
	1.0	4.33	35.00	85.00	93.33	98.67	3.59
Óleo de cártamo	0.1	2.00	15.00	20.00	35.00	65.17	1.55
	0.5	3.00	20.33	43.33	85.17	98.67	3.97
	1.0	3.27	31.67	86.67	95.00	99.67	4.04
Óleo de soja	0.1	2.00	9.00	31.67	33.33	35.00	1.63
	0.5	2.00	24.80	41.67	50.00	70.33	2.03
	1.0	5.00	25.07	61.67	91.67	98.50	2.55
Óleo de mostarda	0.1	2.00	10.00	21.67	50.00	60.25	1.70
	0.5	2.00	21.67	30.00	50.00	83.33	2.06
	1.0	3.00	30.00	40.00	50.00	91.67	2.12
Óleo de aracnídeo	0.1	1.00	5.00	10.00	45.00	66.67	1.78
	0.5	1.00	15.00	35.00	55.00	83.33	2.56
	1.0	2.00	21.17	80.00	85.17	95.17	3.20
Óleo de coco	0.1	2.00	19.33	31.67	40.00	63.33	1.55
	0.5	3.00	20.25	34.83	40.00	78.33	2.14
	1.0	5.00	30.00	85.00	90.00	95.00	2.42
SEd(±)		0.080	0.041	1.432	1.950	0.113	0.051
CD 0,05		0.230	0.082	2.910	3.580	0.232	0.103
Óleo de girassol *vs* Óleo de cártamo							
Óleo de girassol		4.39	22.80	69.44	88.39	94.00	3.39
Óleo de cártamo		2.79	23.44	50.00	67.83	74.83	2.76
SEd(±)		0.041	0.232	0.822	1.122	1.021	0.032
CD 0,05		0.133	0.441	2.363	3.221	2.934	0.091

Tratamentos	Concentração (%)	Área de superfície coberta (%) por *M. anisopliae* após					Biomassa em 15th dia/40 ml (g)
		3 dias	5 dias	7 dias	10 dias	15 dias	
Óleo de girassol *vs* Óleo de soja							
Óleo de girassol		4.39	22.80	69.44	88.39	94.00	3.39
Óleo de soja		3.00	19.66	45.00	58.89	67.39	1.96
SEd(±)		0.051	0.423	0.713	1.451	1.018	0.028
$CD_{0,05}$		0.142	1.423	2.651	3.541	3.10	0.079
Óleo de girassol *vs* Óleo de mostarda							
Óleo de girassol		4.39	22.80	69.44	88.39	94.00	3.39
Óleo de mostarda		2.33	20.08	30.56	50.00	78.42	1.91
SEd(±)		0.037	0.652	0.782	1.561	1.143	0.034
$CD_{0,05}$		0.142	1.531	2.762	3.543	2.893	0.173
Óleo de girassol *vs* Óleo de aracnídeo							
Óleo de girassol		4.39	22.80	69.44	88.39	94.00	3.39
Óleo de aracnídeo		1.33	20.00	35.00	51.67	65.06	2.01
SEd(±)		0.0412	0.434	0.798	1.431	1.543	0.028
$CD_{0,05}$		0.1361	1.245	2.875	3.981	3.451	0.056
Óleo de girassol *vs* Óleo de coco							
Óleo de girassol		4.39	22.80	69.44	88.39	94.00	3.39
Óleo de coco		3.33	27.00	50.50	56.67	74.44	1.96
SEd(±)		0.0415	0.436	0.821	1.121	1.024	0.031
$CD_{0,05}$		0.1366	1.248	2.362	3.223	2.933	0.091
Óleo de cártamo *vs* Óleo de soja							
Óleo de cártamo		2.76	23.44	50.00	67.83	74.83	2.76
Óleo de soja		3.00	19.66	45.00	58.89	67.39	1.96
SEd(±)		0.044	0.431	0.822	1.121	1.025	0.032
$CD_{0,05}$		0.132	1.241	2.363	3.221	2.934	0.092

Tratamentos	Concentração (%)	Área de superfície coberta (%) por *M. anisopliae* após					Biomassa em 15th dia/40 ml (g)
		3 dias	5 dias	7 dias	10 dias	15 dias	
Óleo de cártamo *vs* Óleo de mostarda							
Óleo de cártamo		2.76	23.44	50.00	67.83	74.83	2.76
Óleo de mostarda		2.33	20.08	30.56	50.00	78.42	1.91
SEd(±)		0.045	0.436	0.825	1.223	1.102	0.033
CD $_{0,05}$		0.135	1.248	2.462	3.241	2.857	1.023
Óleo de cártamo *vs* Óleo de aracnídeo							
Óleo de cártamo		2.76	23.44	50.00	67.83	74.83	2.76
Óleo de aracnídeo		1.33	20.00	35.00	51.67	65.06	2.01
SEd(±)		0.081	0.520	0.771	1.125	1.100	0.081
CD $_{0,05}$		0.142	1.321	2.425	3.251	2.785	1.040
Óleo de cártamo *vs* Óleo de coco							
Óleo de cártamo		2.76	23.44	50.00	67.83	74.83	2.76
Óleo de coco		3.33	27.00	50.50	56.67	74.44	2.20
SEd(±)		0.042	0.431	0.821	1.129	1.024	0.021
CD $_{0,05}$		0.134	1.240	2.361	3.234	2.931	0.092
Óleo de soja *vs* Óleo de mostarda							
Óleo de soja		3.00	19.66	45.00	58.89	67.39	1.96
Óleo de mostarda		2.33	20.08	30.56	50.00	78.42	1.91
SEd(±)		0.033	0.521	0.666	1.231	1.100	0.033
CD $_{0,05}$		0.134	1.244	1.334	2.462	2.422	0.099
Óleo de soja *vs.* óleo de aracnídeo							
Óleo de soja		3.00	19.66	45.00	58.89	67.39	1.96
Óleo de aracnídeo		1.33	20.00	35.00	51.67	65.06	2.01
SEd(±)		0.041	0.434	0.910	1.150	1.451	0.034
CD $_{0,05}$		0.132	1.244	2.820	2.525	2.782	0.100

Tratamentos	Concentração (%)	Área de superfície coberta (%) por *M. anisopliae* após					Biomassa em 15th dia/40 ml (g)
		3 dias	5 dias	7 dias	10 dias	15 dias	
Óleo de soja *vs* Óleo de coco							
Óleo de soja		3.00	19.66	45.00	58.89	67.39	1.96
Óleo de coco		3.33	27.00	50.50	56.67	74.44	2.20
SEd(±)		0.050	0.331	0.563	1.220	1.032	0.022
$CD_{0,05}$		0.132	1.142	2.313	3.224	2.943	0.087
Óleo de mostarda *vs* Óleo de aracnídeo							
Óleo de mostarda		2.33	20.08	30.56	50.00	78.42	1.91
Óleo de aracnídeo		1.33	20.00	35.00	51.67	65.06	2.01
SEd(±)		0.033	0.422	0.821	1.121	1.040	0.032
$CD_{0,05}$		0.124	1.242	2.361	3.222	2.950	0.099
Óleo de mostarda *vs* Óleo de coco							
Óleo de mostarda		2.33	20.08	30.56	50.00	78.42	1.91
Óleo de coco		3.33	27.00	50.50	56.67	74.44	2.20
SEd(±)		0.041	0.433	0.850	1.134	1.022	0.041
$CD_{0,05}$		0.134	1.245	2.388	3.256	2.93	0.101
Óleo de mostarda *vs* Óleo de coco							
Óleo de mostarda		2.33	20.08	30.56	50.00	78.42	1.91
Óleo de coco		3.33	27.00	50.50	56.67	74.44	2.20
SEd(±)		0.050	0.421	0.820	1.127	1.040	0.031
$CD_{0,05}$		0.141	1.223	2.360	3.248	2.910	0.092
Óleo de aracnídeo *vs* Óleo de coco							
Óleo de aracnídeo		1.33	20.00	35.00	51.67	65.06	2.01
Óleo de coco		3.33	27.00	50.50	56.67	74.44	2.20
SEd(±)		0.041	0.433	0.831	1.141	1.070	0.024
$CD_{0,05}$		0.133	1.242	2.374	3.267	2.910	0.091
Controlo *vs* restantes tratamentos							
Controlo		2.00	7.67	20.00	35.00	63.34	1.35
Resto dos tratamentos		2.86	22.17	46.75	62.24	75.69	2.37
SEd(±)		0.060	0.543	1.030	1.412	1.291	0.040
$CD_{0,05}$		0.172	1.560	2.970	4.050	3.692	0.121

Os dados são a média de três repetições

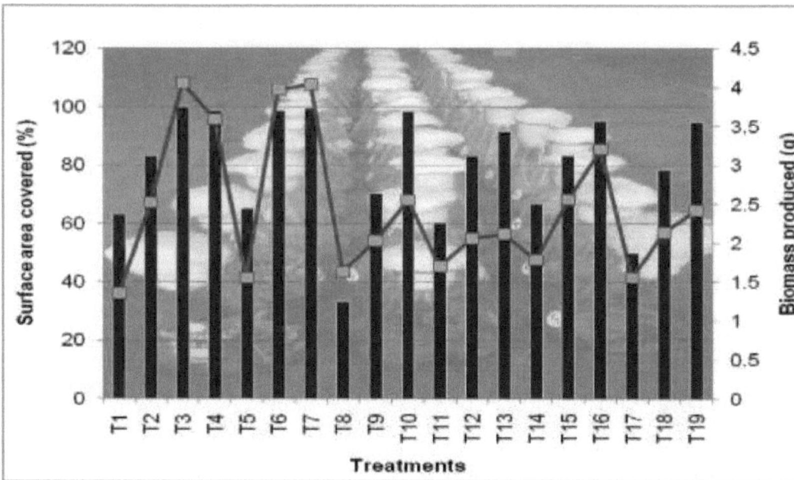

FIG. 5. EFEITO DOS ÓLEOS VEGETAIS NA ÁREA SUPERFICIAL COBERTA (%) E NA PRODUÇÃO DE BIOMASSA (g) DE *M. anisopliae* EM FORMULAÇÃO LÍQUIDA

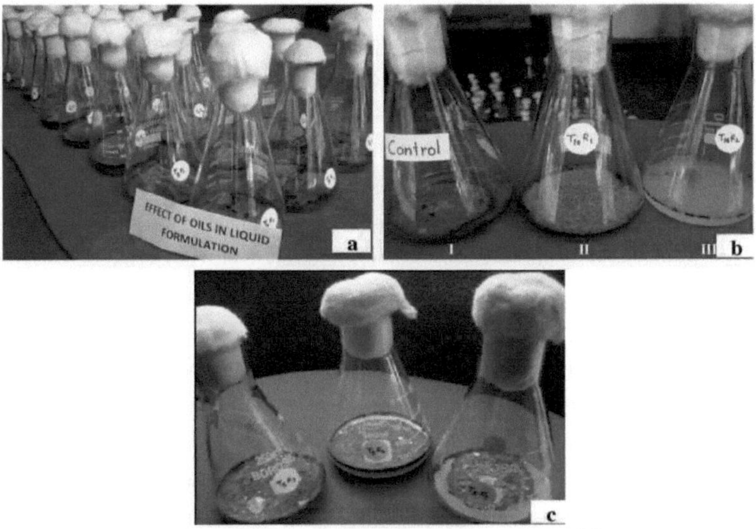

Placa 10(a-c). Efeito dos óleos vegetais na área de superfície coberta (%) e na produção de biomassa (g) de *M. anisopliae* em formulação líquida

a. Visão geral da experiência

b. (I-III). Área de superfície coberta

I. Controlo

II. Óleo de girassol (0,5%)

III. Óleo de aracnídeo (1,0%)

c. Tratamento que mostra a área de superfície coberta por *M. anisopliae* em formulação líquida alterada com óleo de girassol (0,5%)

Placa 11. Pulverização de bioformulação de *M. anisopliae*

Quando comparámos diferentes formulações líquidas tratadas com óleo, independentemente da concentração, verificámos que o óleo de girassol apresentou um melhor desempenho do que os restantes óleos em termos de área de superfície coberta (94,00%), bem como de produção de biomassa (3,39 g) (Quadro 5 e Fig. 5). Quando comparámos o óleo de cártamo com os óleos de soja, mostarda, aracnídeo e coco, o óleo de cártamo foi considerado superior, com uma área de superfície coberta de 74,83% e uma produção de biomassa de 2,76. O óleo de mostarda foi considerado superior ao óleo de soja, de aracnídeos e de coco em termos de área de superfície coberta (%). Quando a comparação foi feita entre o óleo de aracnídeo e o óleo de coco, o óleo de coco foi considerado significativamente mais eficaz do que o óleo de aracnídeo. Na comparação do controlo com os restantes tratamentos, verificou-se que os restantes tratamentos eram significativamente superiores ao controlo.

4.2 Efeito da melhor concentração de adjuvantes e da melhor concentração de óleos no concentrado em suspensão e na bioformulação líquida de *M. anisopliae* isoladamente e em combinação uns com os outros

A eficácia *in vitro* do adjuvante (glicerol a 10,0%) e dos óleos (óleo de girassol a 0,5 e 1,0%) foi testada isoladamente e em combinação uns com os outros. As formulações com adjuvantes e óleos apresentaram melhor desempenho em termos de área de superfície coberta (%) do que as bioformulações sem adjuvantes e óleos. A formulação líquida alterada com 10,0 por cento de glicerol e 0,5 por cento de óleo de girassol foi considerada significativamente eficaz, cobrindo a área de superfície mais elevada de 25,25 por cento (Quadro 6). Seguiu-se a suspensão concentrada + (glicerol 10,0% + óleo de girassol 1,0%) e a formulação líquida + óleo de girassol 0,5% sem qualquer diferença significativa. A área de superfície coberta por *M. anisopliae* na formulação líquida + glicerol 10,0 por cento + óleo de girassol 0,5 por cento é igual à do tratamento anterior. No dia 5th , as formulações líquidas alteradas com 10,0 por cento de adjuvante + 0,5 por cento de óleo de girassol, seguidas de suspensão concentrada com 10,0 por cento de glicerol + 1,0 por cento de óleo de girassol, foram consideradas significativamente eficazes, com uma cobertura da superfície de 60,00 por cento e 55,50 por cento, respetivamente. Estes dois tratamentos foram significativamente superiores à formulação líquida não tratada (20,50%), bem como ao concentrado em suspensão (10,00%) (Quadro 6).

Da mesma forma, em 7th , 10th e 15th dias após o tratamento, o desempenho da formulação líquida emendada com glicerol (@ 10%) + óleo de girassol (@ 0,5%) foi significativamente superior com o aumento da área de superfície coberta (80,00-98,95%) do que o resto dos tratamentos. Seguiu-se o concentrado em suspensão alterado com glicerol (@ 10,0%) +1,0 por cento de óleo de girassol (78,75-98,00%).

As observações efectuadas sobre a produção de biomassa mostraram que, aos 15 dias após o tratamento, a formulação líquida + 10,0 por cento de glicerol + 0,5 por cento de óleo de girassol foi significativamente eficaz na produção da biomassa mais elevada de 4,15 g, seguida do concentrado em suspensão alterado com 10,0 por cento de glicerol + 1,0 por cento de óleo de girassol (4,05 g). Todas as formulações alteradas com óleos e adjuvantes foram significativamente eficazes em comparação com a formulação líquida (0,21 g) e o concentrado em suspensão (0,08 g) sem qualquer adjuvante e óleo (Quadro 6).

4.3 Infestação de *Aphis craccivora* em plantas de ervilha-de-corda

A população do pulgão da ervilha-de-cheiro, *A. craccivora*, foi observada pela primeira vez nos rebentos tenros em crescimento (placa 12 a) e espalhou-se pelos caules (placa 12 c) e pelas folhas. A superfície inferior das folhas foi a mais atacada (placa 12 b). Devido à forte infestação de afídeos, foram observados sintomas como folhas distorcidas, crescimento atrofiado da cultura e, por fim, murchamento da cultura nos vasos de controlo não tratados (placa 13). Após a pulverização de bioformulações de *M. anisopliae*, observou-se o crescimento do fungo sobre os afídeos (Placa 16 a a c).

4.4 Eficácia das bioformulações de *M. anisopliae* contra o pulgão da ervilha-de-cheiro, *Aphis craccivora*, em condições de vaso

4.4.1 Eficácia das bioformulações de *M. anisopliae* na infestação por afídeos

Em condições de vaso, 15 dias após a pulverização (placa 11), o registo da percentagem de infestação de folhas e de rebentos revelou que a formulação líquida alterada com 10,0 por cento de glicerol + 0,5 por cento de óleo de girassol podia proteger a maior infestação de folhas até 85,12 por cento e a infestação de rebentos até 94,12 por cento (quadro 7). Seguiu-se o concentrado em suspensão + glicerol 10,0 por cento e óleo de girassol 1,0 por cento, que podia proteger a infestação de folhas até 84,14 por cento (Fig. 6) e a infestação de rebentos até 92,65 por cento (Fig. 7). Ambos os tratamentos mostraram um melhor desempenho do que o adjuvante e a formulação líquida sem óleo em termos de proteção da infestação de folhas e rebentos em relação ao controlo (pulverização com água) até 80,16 e 79,42%, respetivamente. Da mesma forma, no caso do concentrado em suspensão sem qualquer adjuvante e óleo, poderia fornecer proteção contra a infestação de folhas e rebentos até 84,14 e 92,65 por cento, respetivamente.

Tabela 6. Eficácia *in vitro* da suplementação de adjuvantes e óleos no concentrado em suspensão e na biofurmulação líquida de *M. anisopliae*

Tratamentos	Área de superfície coberta (%) por *M. anisopliae* após					Biomassa em 15th dia/40 ml (g)
	3 dias	5 dias	7 dias	10 dias	15 dias	
T1: Formulação líquida (LF)	5.40	20.50	45.00	50.00	50.00	0.21
T2: LF + Adjuvante (Glicerol 10,0 %)	21.00	48.50	75.00	80.50	95.00	3.57
T3: LF + Óleo (óleo de girassol 0,5 %)	25.00	50.00	70.00	85.00	95.55	4.00
T4: LF + [Adjuvante (Glicerol 10,0 %) + Óleo (Óleo de girassol 0,5 %)]	25.25	60.00	80.00	88.90	98.95	4.15
T5 : Concentrado em suspensão (SC)	10.00	10.00	10.25	15.25	15.50	0.08
T6: SC + Adjuvante (Glicerol 10,0 %)	20.00	45.00	75.50	85.00	90.00	2.75
T7: SC + Óleo (óleo de girassol 1,0 %)	20.00	50.00	75.00	85.00	90.00	3.99
T8: SC + [Adjuvante (Glicerol 10,0 %) + Óleo (Óleo de girassol 1,0 %)]	25.00	55.50	78.75	85.50	98.00	4.05
SEd(±)	0.311	0.684	1.196	1.315	0.223	0.021
CD0.05	0.834	1.205	2.340	2.872	0.765	0.041

Os dados são a média de três repetições

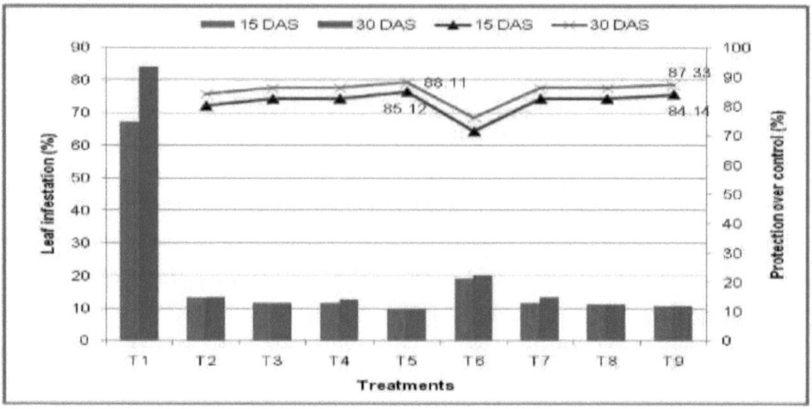

FIG. 6. EFEITO DA BIOFORMULAÇÃO DE *M. anisopliae* NA INFESTAÇÃO POR CENTO DAS FOLHAS

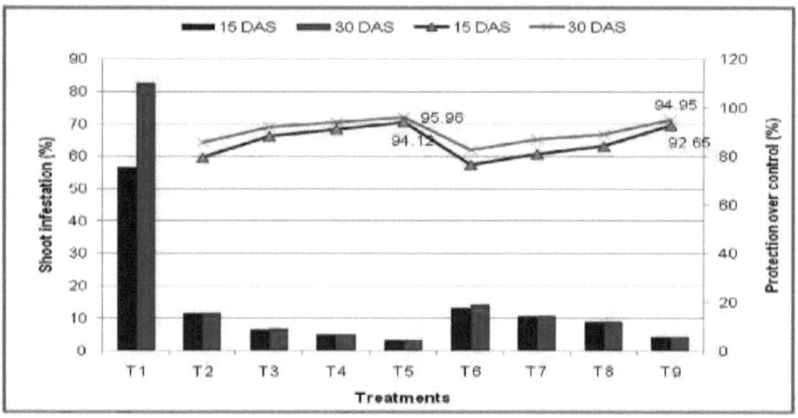

FIG. 7. EFEITO DA BIOFORMULAÇÃO DE *M. anisopliae* NA **INFESTAÇÃO** POR CENTRO DA **CALDA**

Tabela 7. Eficácia das biofurmulações de *M. anisopliae* na infestação de afídeos em vasos

Tratamentos	Percentagem de infestação foliar				Por cento de infestação de rebentos			
	Infestação das folhas		Proteção em vez de controlo		Infestação de rebentos		Proteção em vez de controlo	
	15 DAS	30 DAS	15 DAS	30 DAS	15 DAS	30 DAS	15 DAS	30 DAS
T1 : Controlo (Água pulverizada)	67.22 (55.07)	84.16 (66.54)	-	-	56.66 (48.82)	82.50 (65.27)	-	-
T2: Líquido formulação (LF) isolada	13.33 (21.41)	13.33 (21.41)	80.16 (63.54)	84.16 (66.54)	11.66 (19.96)	11.66 (19.96)	79.42 (63.02)	85.86 (67.91)
T3: LF + Adjuvante (Glicerol 10,0 %)	11.66 (19.96)	11.66 (19.96)	82.65 (65.38)	86.14 (68.14)	6.66 (14.94)	6.68 (14.97)	88.24 (69.94)	91.90 (73.46)
T4: LF + Óleo (Óleo de girassol 0,5 %)	11.60 (19.91)	12.50 (20.70)	82.74 (65.45)	86.14 (68.14)	5.00 (12.92)	5.00 (12.92)	91.17 (72.71)	93.93 (75.73)
T5: LF + [Adjuvante (Glicerol 10,0 %)+ Óleo (Óleo de girassol 0,5 %)]	10.00 (18.43)	10.00 (18.43)	85.12 (49.67)	88.11 (69.82)	3.33 (10.51)	3.33 (10.51)	94.12 (75.96)	95.96 (78.40)
T6 :Suspensão concentrado (SC) sozinho	19.16 (25.95)	20.00 (26.56)	71.49 (57.72)	76.23 (60.82)	13.33 (21.41)	14.25 (22.17)	76.47 (60.98)	82.72 (65.43)
T7: SC + Adjuvante (Glicerol 10,0 %)	11.26 (19.60)	13.33 (21.41)	83.24 (65.84)	86.14 (68.14)	10.83 (19.21)	10.83 (19.21)	80.88 (64.07)	86.87 (68.75)
T8: SC + Óleo (Óleo de girassol 1,0 %)	11.16 (17.62)	11.16 (17.62)	82.65 (65.38)	86.73 (68.63)	9.00 (17.45)	9.00 (17.45)	84.11 (66.50)	89.09 (70.71)
T9: SC + [Adjuvante (Glicerol 10 %) + Óleo (Óleo de girassol 1,0 %)].	10.66 (19.05)	10.66 (19.05)	84.14 (66.53)	87.33 (69.14)	4.16 (11.76)	4.16 (11.76)	92.65 (74.26)	94.95 (77.01)
SEd(±)	0.029	0.242			0.264	0.185		
CD0.05	0.052	0.412			0.567	0.481		

DAS: Dias após a pulverização

Os dados são a média de três repetições

Os dados entre parêntesis são valores angulares transformados

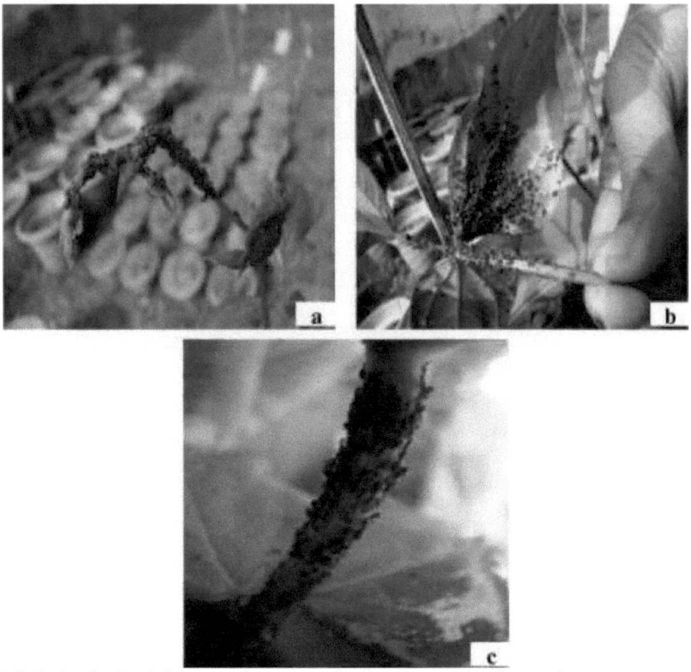

Placa 12 (a-c). Infestação de *Aphis craccivora* em plantas de ervilha-de-corda

a. Infestação nas pontas dos rebentos
b. Infestação nas folhas
c. Infestação no caule

Placa 13. Murchamento completo da planta infestada no vaso de controlo

A percentagem mais elevada de infestação de folhas (67,22%) e de rebentos (56,66%) foi registada nos vasos de controlo com pulverização de água. A menor infestação de folhas (10,00%) e de rebentos (3,33%) foi registada em plantas tratadas com formulação líquida + glicerol 10,0 por cento + óleo de girassol 0,5 por cento.

As observações efectuadas 30 dias após a pulverização mostraram que não houve aumento da infestação de folhas e rebentos em plantas pulverizadas com formulação líquida suplementada com glicerol 10,0% e óleo de girassol 0,5% e suspensão concentrada suplementada com glicerol 10,0% + óleo de girassol 1,0%. A maior proteção da infestação de folhas (88,11%) e de rebentos (95,96%) foi registada no tratamento de formulação líquida + (Glicerol 10,0% + Óleo de girassol 0,5%), que foi considerado o melhor, seguido de suspensão concentrada + (Glicerol 10,0% + Óleo de girassol 1,0%) com proteção da infestação de folhas e rebentos até 87,33 e 94,95%, respetivamente. As plantas pulverizadas com bioformulação de *M. anisopliae* conseguiram escapar a uma maior infestação de afídeos do que as plantas de controlo.

4.4.2 Eficácia de bioformulações de *M. anisopliae* na mortalidade de afídeos

Os dados apresentados no quadro 8 mostram uma mortalidade significativamente mais elevada de pulgões de 50,00 por cento 15 dias após a pulverização, quando a pulverização foi efectuada com uma formulação líquida alterada com glicerol 10,0 por cento + óleo de girassol 0,5 por cento (placa 15 a-b). Seguiu-se a suspensão concentrada alterada com glicerol 10,0 por cento + óleo de girassol 1,0 por cento, com uma percentagem de mortalidade de 47,66 por cento. A formulação líquida emendada com 0,5 por cento de óleo de girassol foi considerada significativamente eficaz a seguir a estes tratamentos acima mencionados, causando uma mortalidade de pulgões de 42,50 por cento. A pulverização de formulação líquida e suspensão concentrada sem qualquer adjuvante e óleo foi considerada menos patogénica e mata 15,00 e 8,33 por cento do pulgão, respetivamente. Não se registou qualquer morte de pulgão nas plantas infestadas dos vasos de controlo (pulverização com água).

A partir do Quadro 8 e da Fig. 8, é evidente que a formulação líquida alterada com glicerol 10,0% + óleo de girassol 0,5% foi altamente patogénica para o afídeo e matou 80% da população testada 30 dias após a pulverização. Seguiu-se o concentrado em suspensão alterado com glicerol 10,0 por cento + óleo de girassol 1,0 por cento com uma mortalidade de pulgões de 54,91 por cento. A formulação líquida emendada com 0,5 por cento de óleo de girassol foi considerada eficaz, causando 50,00 por cento de mortalidade de pulgões. O crescimento micelial de cor esverdeada do fungo *M. anisopliae* foi observado na superfície do corpo do pulgão, cobrindo a cabeça, o tórax, o abdómen e todos os

Tabela 8. Eficácia da bioformulação de *M. anisopliae* contra o afídeo da ervilha-de-cheiro

Tratamentos	Mortalidade corrigida (%) ± DP	
	15 DAS	30 DAS
T1: Controlo (pulverização de água)	0.00 ± 0.00 (0.28)	0.00 ± 0.00 (0.28)
T2: Formulação líquida (LF) isolada	15.00 ± 0.00 (22.78)	15.25 ± 0.41 (22.98)
T3: LF + Adjuvante (Glicerol 10,0 %)	26.33 ± 0.49 (30.87)	30.16 ± 0.40 (33.31)
T4: LF + Óleo (óleo de girassol 0,5 %)	42.50 ± 0.49 (40.68)	50.00 ± 0.00 (45.00)
T5: LF + [Adjuvante (Glicerol 10,0 %)+ Óleo (óleo de girassol 0,5 %)]	50.00 ± 0.00 (45.00)	80.00 ± 0.00 (63.43)
T6: Suspensão concentrada (SC) isolada	8.33 ± 2.65 (16.77)	10.58 ± 0.49 (18.98)
T7: SC + Adjuvante (Glicerol 10,0 %)	19.83 ± 0.49 (26.44)	20.00 ± 0.00 (26.56)
T8: SC + Óleo (óleo de girassol 1,0 %)	25.00 ± 0.00 (30.00)	25.16 ± 0.25 (30.10)
T9: SC + [Adjuvante (Glicerol 10,0 %) + Óleo (óleo de girassol 1,0 %)]	47.66 ± 0.51 (43.65)	54.91 ± 0.49 (47.81)
SEd(±)	0.612	0.194
$CD0_{.05}$	1.282	0.396

DAS: Dias após a pulverização
Os dados são a média de três repetições
Os dados entre parêntesis são valores angulares transformados

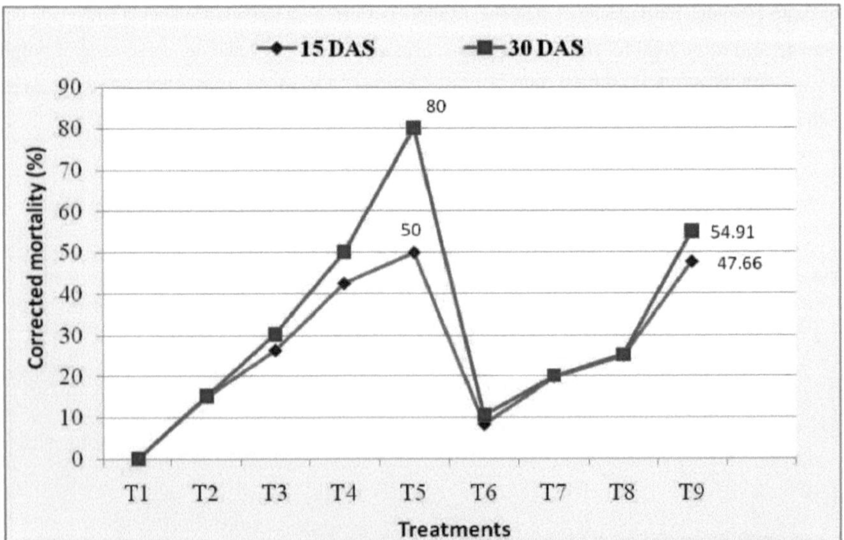

FIG. 8. EFICÁCIA DA BIOFURMULAÇÃO DE *M. anisopliae* CONTRA O BOVINO ÁFRICA APHID

outros apêndices (placa 16 c). Os pulgões infectados permaneceram aderidos às pontas dos rebentos, às superfícies das folhas e aos caules da planta de ervilha-de-corda. Todas as plantas tratadas mostraram uma melhor mortalidade de pulgões em comparação com o controlo e os tratamentos diferem significativamente entre si aos 15 e 30 dias após a pulverização.

4.4.3 Afídeo na transmissão do mosaico da ervilha-de-corda

4.4.3.1 Sintomatologia

Os sintomas da doença do mosaico da ervilha-de-corda, causada pelo Cow pea mosaic virus e transmitida por *A. craccivora*, foram observados em todas as fases de crescimento da cultura (placas 13, 14 a a d). Os sintomas apresentavam-se sob a forma de mosaico, clareamento das nervuras, atrofiamento, manchas e distorção das folhas. O enrugamento das vagens infectadas foi observado numa fase mais tardia da cultura (placa 14 d).

4.4.3.2 Eficácia das bioformulações de *M. anisopliae* na incidência da doença do mosaico da ervilha-de-corda

Para determinar a incidência da doença do mosaico da ervilha-de-corda em vasos, foi calculada a percentagem de incidência da doença. Os dados apresentados no quadro 9 mostram que não houve incidência da doença em plantas tratadas com formulação líquida emendada com glicerol 10,0 por cento + óleo de girassol 0,5 por cento e suspensão concentrada emendada com glicerol 10,0 por cento + óleo de girassol 1,0 por cento, o que pode proteger a cultura da doença do mosaico da ervilha-de-cheiro até 100 por cento (Fig. 9 e placa 15b). Não há diferença significativa entre estes dois tratamentos.

A formulação líquida alterada com 0,5 por cento de óleo de girassol reduziu significativamente a incidência da doença de 1,66 por cento para 0,83 por cento, o que pode proteger a cultura até 98,79 por cento 30 dias após a pulverização. No tratamento do concentrado em suspensão alterado com óleo de girassol a 1,0 por cento, observou-se que não há aumento da incidência da doença após 15 dias de tratamento (placa 17 a-b). Este tratamento pode proporcionar uma proteção de até 93,98%. No quadro 9, aos 15 e 30 dias após a pulverização, as plantas de controlo apresentaram uma incidência da doença de 16,66 e 69,16%, respetivamente.

Quadro 9. Eficácia das bioformulações de *M. anisopliae* na incidência do mosaico da ervilha-de-cheiro

Tratamentos	Incidência da doença			
	PDI		Proteção em relação ao controlo (%)	
	15 DAS	30 DAS	15 DAS	30 DAS
T1: Controlo (pulverização de água)	16.66 (4.08)*	69.16 (56.26)**	-	-
T2: Formulação líquida (LF) isolada	12.41 (3.52)	13.33 (21.41)	25.51 (30.34)**	80.72 (63.95)**
T3: LF + Adjuvante (Glicerol 10,0 %)	1.00 (0.50)	1.66 (7.40)	100.00 (90.00)	97.59 (81.07)
T4: LF + Óleo (óleo de girassol 0,5 %)	1.66 (1.28)	0.83 (5.22)	90.03 (71.59)	98.79 (83.68)
T5: LF + [Adjuvante (Glicerol 10.0 %) + Óleo (óleo de girassol 0,5 %)].	0.00 (0.50)	0.00 (1.65)	100.00 (90.00)	100.00 (90.00)
T6: Suspensão concentrada (SC) isolada	14.16 (3.76)	15.00 (22.78)	15.00 (22.79)	78.31 (62.24)
T7: SC + Adjuvante (Glicerol 10,0 %)	6.66 (2.58)	8.33 (16.77)	60.02 (50.78)	87.95 (69.69)
T8: SC + Óleo (óleo de girassol 1,0 %)	4.16 (2.03)	4.16 (11.76)	75.03 (60.02)	93.98 (75.80)
T9: SC + [Adjuvante (Glicerol 10,0 %) + Óleo (óleo de girassol 1,0 %)].	0.00 (0.50)	0.00 (1.65)	100.00 (90.00)	100.00 (90.00)
SEd(±)	0.166	0.192		
$CD_{0.05}$	0.404	0.395		

PDI: Percentagem de incidência da doença
DAS: Dias após a pulverização
Os dados são a média de três repetições
*Os dados entre parênteses são valores transformados em raiz quadrada
**Os dados entre parênteses são valores angulares transformados

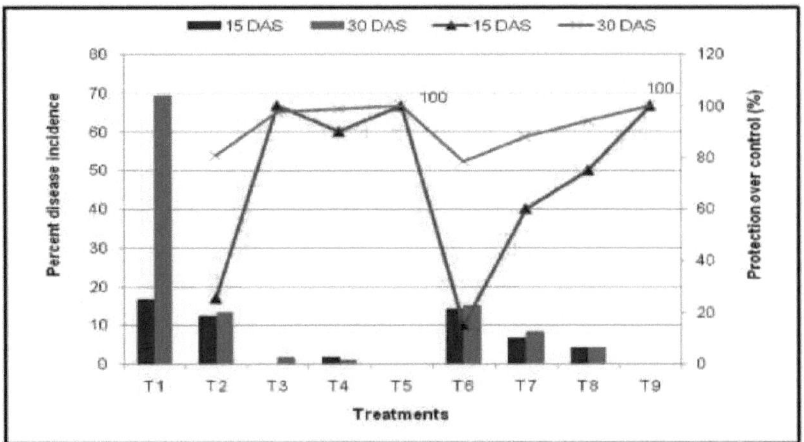

FIG. 9. EFICÁCIA DAS BIOFORMULAÇÕES DE *M. anisopliae* NA INCIDÊNCIA DA DOENÇA MOSAICA DA VACA

Placa 14 (a-d). Sintomas típicos da doença do mosaico da ervilha-de-corda causada pelo Cow pea mosaic virus (CpMV)

a. Mosaico amarelo
b. Enrugamento das folhas
c. Manchas nas folhas
d. Enrugamento da vagem

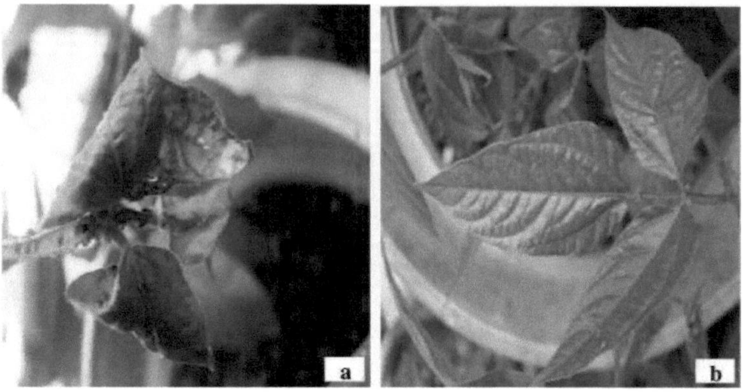

Placa 15 (a-b). Efeito das bioformulações no trifólio da cultura de ervilha-de-corda a. Folha trifoliada infestada de afídeos na planta de controlo b. Folha trifoliada saudável na planta tratada

Placa 16 (a-c). Crescimento de *M. anisopliae* no pulgão após o tratamento

Placa 17(a-b). Plantas saudáveis de ervilha-de-corda tratadas

4.5 Eficácia das bioformulações de *M. anisopliae* contra o afídeo da ervilha-de-cheiro, *Aphis craccivora*, em condições de campo

4.5.1 Eficácia de bioformulações de *M. anisopliae* na incidência e mortalidade de afídeos

Em condições de campo (Placa 18), após 15 dias de pulverização, foi registada uma incidência significativamente mais baixa de pulgões (0,33%) em plantas pulverizadas com formulação líquida alterada com 10,0% de glicerol + 0,5% de óleo de girassol (Quadro 10, Fig. 10). Este produto foi capaz de matar 50,00 por cento da população de afídeos testada. Seguiu-se a suspensão concentrada alterada com glicerol 10,0 por cento + óleo de girassol 1,0 por cento, na qual se registou 4,59 por cento de incidência de afídeos com 83,67 por cento de mortalidade de afídeos. A formulação líquida emendada com 0,5 por cento de óleo de girassol foi considerada o próximo tratamento eficaz com uma mortalidade de pulgões de 79,67 por cento. A formulação líquida emendada com glicerol 10,0 por cento (20,00%) estava a par com o concentrado de suspensão emendado com 1,0 por cento de óleo de girassol (22,22%) em termos de incidência percentual de pulgão. Exceto estes dois tratamentos, os outros dois diferiram significativamente um do outro.

Todas as bioformulações tratadas com adjuvantes e óleos mostraram um melhor desempenho em comparação com o controlo não tratado no que diz respeito à incidência de pulgões (50,04%) e à mortalidade de pulgões (0,00%).

Da mesma forma, 30 dias após a pulverização, foi registada uma incidência significativamente mais baixa de pulgões, de 1,99%, na formulação líquida emendada com glicerol 10,0% + óleo de girassol 0,5%, seguida de suspensão concentrada emendada com glicerol 10,0% + óleo de girassol 1,0%, com 2,50% de incidência de pulgões.

Cerca de 89,67% dos pulgões foram mortos quando as plantas foram pulverizadas com uma formulação líquida suplementada com glicerol 10,0% + óleo de girassol 0,5%. A taxa de mortalidade dos pulgões foi comparativamente mais baixa em condições de campo do que na experiência em vaso. Seguiu-se a suspensão concentrada com glicerol 10,0 por cento + óleo de girassol 1,0 por cento com uma mortalidade de pulgões de 83,67 por cento. As plantas pulverizadas com bioformulação de *M. anisopliae* conseguiram escapar a uma maior incidência de pulgões em comparação com o controlo não tratado (placa 19).

4.5.2 Eficácia da bioformulação de *M. anisopliae* na incidência da doença do mosaico da ervilha-de-corda

Os dados do quadro 11 revelam que, 15 dias após a pulverização, foi registada uma incidência de doença significativamente mais baixa, de 2,28%, nas plantas tratadas com

Quadro 10. Eficácia das bioformulações de *M. anisopliae* contra o afídeo da ervilha-de-cheiro em condições de campo

Tratamentos	Percentagem de incidência de afídeos ±SD		Mortalidade corrigida (%) ±SD	
	15 DAS	30 DAS	15 DAS	30 DAS
T_1 : Controlo (pulverização de água)	50.47 ± 0.25 (45.26)	51.08 ± 0.46 (45.61)	0.00 ± 0.00 (0.28)	0.00 ± 0.00 (0.28)
T_2 : Formulação líquida (LF) sozinho	16.28 ± 0.27 (23.79)	10.56 ± 0.51 (18.96)	15.33 ±0.57 (23.05)	40.00 ±0.00 (39.23)
T3: LF + Adjuvante (Glicerol 10,0 %)	20.00 ± 0.00 (26.56)	10.33 ± 0.27 (18.74)	30.00 ±0.00 (33.21)	55.00 ±0.00 (47.86)
T4: LF + Óleo (óleo de girassol 0.5 %)	27.42 ± 0.25 (31.57)	20.48 ± 0.09 (26.90)	41.67 ±1.52 (40.20)	79.67 ±0.57 (63.19)
T5: LF + [Adjuvante (Glicerol 10,0 %) + Óleo (Óleo de girassol 0,5 %)]	0.33 ± 3.30 (3.29)	1.99 ± 0.00 (8.10)	50.00 ±0.00 (45.00)	89.67 ±0.57 (71.25)
T6: Concentrado de suspensão (SC) sozinho	14.68 ± 0.22 (22.52)	13.22 ± 0.16 (21.32)	20.00 ±0.00 (26.56)	50.00 ±0.00 (45.00)
T7: SC + Adjuvante (Glicerol 10.0 %)	29.92 ± 0.09 (33.16)	15.00 ± 0.00 (22.78)	25.00 ±0.00 (30.00)	52.11 ±0.19 (46.20)
T8: SC + Óleo (óleo de girassol 1.0 %)	22.22 ± 1.33 (28.12)	10.19 ± 0.15 (18.61)	14.83 ±0.76 (22.64)	31.18 ±1.04 (33.94)
T9: SC + [Adjuvante (Glicerol 10,0 %) + Óleo (Óleo de girassol 1,0 %)]	4.59 ± 0.20 (12.37)	2.50 ± 0.00 (9.09)	41.67 ±2.88 (40.20)	83.67 ±0.57 (66.16)
SEd(±)	0.970	0.067	0.850	0.380
CD0.05	2.071	0.125	1.810	0.820

DAS: Dias após a pulverização
Os dados são a média de três repetições
Os dados entre parêntesis são valores angulares transformados

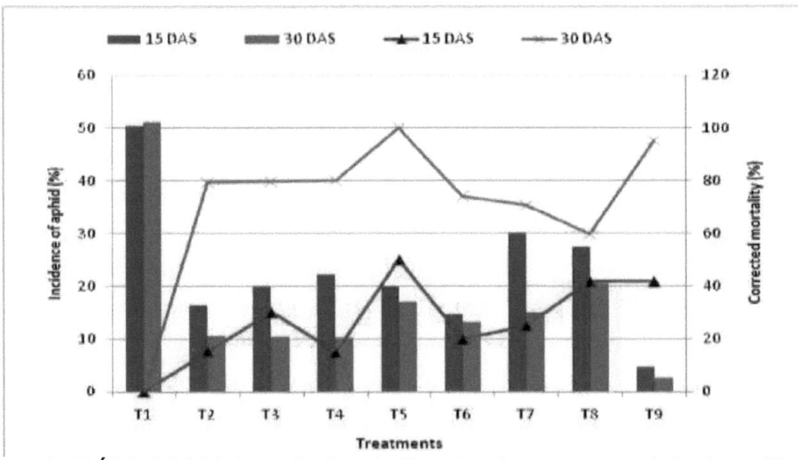

FIG. 10. EFICÁCIA DAS bioformulações de *M. anisopliae* contra o pulgão da ervilha-de-cavalo em condições de campo

Placa 18. Vista geral do campo experimental

Placa 19. Pulverização de bioformulações de *M. anisopliae*

com formulação líquida alterada com glicerol 10,0 por cento + óleo de girassol 0,5 por cento. Seguiu-se o concentrado em suspensão alterado com glicerol 10,0 por cento + óleo de girassol 1,0 por cento com 9,67 por cento de incidência da doença. Ambos os tratamentos mostraram um desempenho significativamente melhor no que respeita à redução da doença de 2,28 para 2,17 por cento e de 9,67 para 9,33 por cento, respetivamente, em comparação com os restantes tratamentos.

Aos 30 dias após a pulverização, verificou-se que a formulação líquida emendada com glicerol 10,0 por cento + óleo de girassol 0,5 por cento era o melhor tratamento que podia proteger a cultura contra a doença do mosaico da ervilha-de-corda até 96,03 por cento, seguido de suspensão concentrada emendada com glicerol 10,0 por cento + óleo de girassol 1,0 por cento com proteção de 82,93 por cento. Foi evidente que a maior incidência da doença foi registada nas plantas de controlo (Fig. 11). Todos os tratamentos foram significativamente diferentes uns dos outros.

4.5.3 Efeito de diferentes tratamentos no rendimento e na relação custo-benefício da cultura do feijão-frade

Os dados sobre a produção de vagens de ervilha-de-corda influenciada por diferentes tratamentos de bioformulações, juntamente com a relação custo-benefício sobre o controlo, foram calculados e apresentados em termos de peso (q/ha) no Quadro 12. O quadro 11 mostra que houve uma diminuição significativa da incidência da doença em percentagem nas parcelas tratadas com a formulação líquida emendada com glicerol 10,0 por cento + óleo de girassol 0,5 por cento e suspensão concentrada emendada com glicerol 10,0 por cento + óleo de girassol 1,0 por cento, em comparação com o controlo não tratado (placa 20 a-b). Isto acabou por influenciar o rendimento da cultura de ervilha-de-corda (Quadro 12 e Placa c-e).

O rendimento mais elevado (24,03q/ha) com uma relação custo-benefício de 1: 7,95 foi registado na parcela tratada com formulação líquida alterada com glicerol 10,0 por cento + óleo de girassol 0,5 por cento (Quadro 12). Seguiu-se a pulverização de suspensão concentrada com glicerol 10,0 por cento + óleo de girassol 1,0 por cento, que resultou num rendimento e numa relação custo-benefício de 16,83 q/ha e 1: 5,32 respetivamente. O rendimento obtido do controlo não tratado foi significativamente inferior ao das parcelas tratadas (11,20 q/ha) (Quadro 12).

Quadro 11. Eficácia da bioformulação de *M. anisopliae* na incidência da doença do mosaico da ervilha-de-cheiro em condições de campo

Tratamentos	Incidência da doença			
	PDI		Proteção em relação ao controlo (%)	
	15 DAS	30 DAS	15 DAS	30 DAS
T1: Controlo (pulverização de água)	50.17 (45.09)	54.68 (47.68)	-	-
T2: Formulação líquida (LF) isolada	16.17 (23.71)	16.46 (23.93)	67.76 (55.40)	69.89 (56.72)
T3: LF + Adjuvante (Glicerol 10,0 %)	20.00 (26.56)	20.66 (27.03)	60.13 (50.84)	62.21 (52.07)
T4: LF + Óleo (óleo de girassol 0,5 %)	15.33 (23.05)	16.55 (24.00)	69.44 (56.44)	69.73 (56.62)
T5: LF + [Adjuvante (Glicerol 10,0 %) + Óleo (óleo de girassol 0,5 %)].	2.28 (8.68)	2.17 (8.47)	95.45 (77.68)	96.03 (78.50)
T6: Suspensão concentrada (SC) isolada	19.16 (25.95)	20.03 (26.58)	61.80 (51.83)	63.36 (52.75)
T7: SC + Adjuvante (Glicerol 10,0 %)	30.00 (33.21)	33.17 (35.16)	40.20 (39.35)	39.33 (38.84)
T8: SC + Óleo (óleo de girassol 1,0 %)	35.62 (36.64)	43.48 (41.25)	29.00 (32.58)	20.48 (26.91)
T9: SC + [Adjuvante (Glicerol 10,0 %) + Óleo (óleo de girassol 1,0 %)].	9.67 (18.11)	9.33 (17.78)	80.72 (63.95)	82.93 (65.60)
SEd(±)	0.191	0.340	0.384	0.330
$CD_{0.05}$	0.412	0.618	0.830	1.146

PDI: Percentagem de incidência da doença
DAS: Dias após a pulverização
Os dados são a média de três repetições
Os dados entre parêntesis são valores angulares transformados

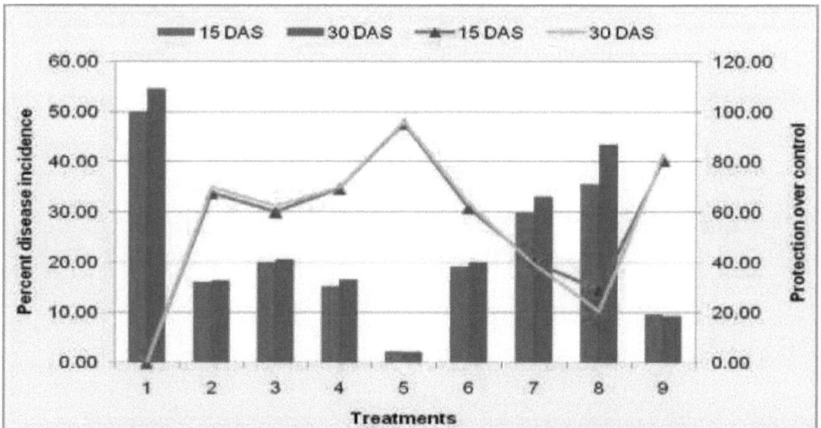

FIG. 11. EFICÁCIA DAS BIOFORMULAÇÕES DE *M. anisopliae* CONTRA A INCIDÊNCIA DA DOENÇA MOSAICA DA VACA EM CONDIÇÕES DE CAMPO

Quadro 12. Relação C:B de diferentes tratamentos para a gestão do mosaico da ervilha-de-corda

Tratamento	Rendimento (q/ha)	C:B
T_1 : Controlo (pulverização de água)	11.20	-
T_2: Formulação líquida (LF) isolada	14.42	1:4.42
T_3: LF + Adjuvante (Glicerol 10,0 %)	15.61	1:4.87
T_4 : LF + Óleo (óleo de girassol 0,5 %)	14.07	1:4.22
T_5: LF + [Adjuvante (Glicerol 10,0 %) + Óleo (Óleo de girassol 0,5 %)]	24.03	1:7.95
T_6: Suspensão concentrada (SC) isolada	12.87	1:3.85
T_7: SC + Adjuvante (Glicerol 10,0 %)	15.04	1:4.71
T_8: SC + Óleo (óleo de girassol 1,0 %)	16.00	1:5.02
T_9: SC + [Adjuvante (Glicerol 10,0 %) + Óleo (Óleo de girassol 1,0 %)]	16.83	1:5.32
SEd(±)	0.360	
$CD_{0.05}$	0.772	

Os dados são a média de três réplicas

Placa 20 (a-e). Cultura na fase de colheita
a. Vista geral da cultura na fase de colheita
b. Vagens colhidas sãs da parcela tratada
c-d. Medição do comprimento dos frutos da parcela tratada
e. Vagens de feijão-frade colhidas

4.5.4 Estudo sobre as alterações morfológicas de *A. craccivora* devido à infeção por *M. anisopliae*

Para estudar as alterações morfológicas do afídeo devido à infeção por *M. anisopliae*, foram recolhidos afídeos de ervilha-de-corda (*A. craccivora*) infestados, observados ao microscópio eletrónico de varrimento (MEV) e tiradas fotografias ao MEV. Na placa 21, é evidente que a cutícula ventral e o abdómen do afídeo infestado estão totalmente distorcidos, com deformação de todas as partes do corpo. O estudo de microscopia eletrónica de varrimento revelou estruturas de adesão e penetração no afídeo infetado. O crescimento do fungo no pulgão infetado e os sinais de penetração de hifas na cutícula do inseto, bem como a proliferação da cutícula, também apareceram.

Foram observados danos cuticulares graves e anomalias nos sistemas sensoriais devido à infeção. O crescimento micelial e os conidióforos com conídios de *M. anisopliae* foram observados na superfície e no interior do corpo do afídeo infestado (placa 22 a-e). As colónias de fungos eram claramente visíveis em todo o corpo do afídeo, o que sugere que o crescimento de fungos pode causar danos graves à praga, perturbando as suas principais actividades fisiológicas e resultando na sua morte.

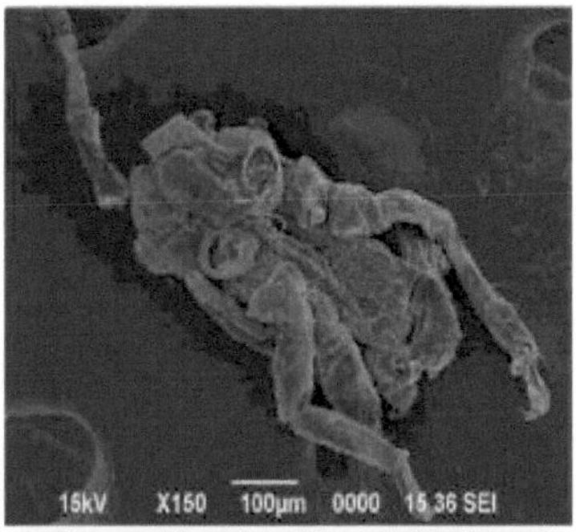

Placa 21. Afídeo deformado infestado por *M. anisopliae* sob MEV após a infeção

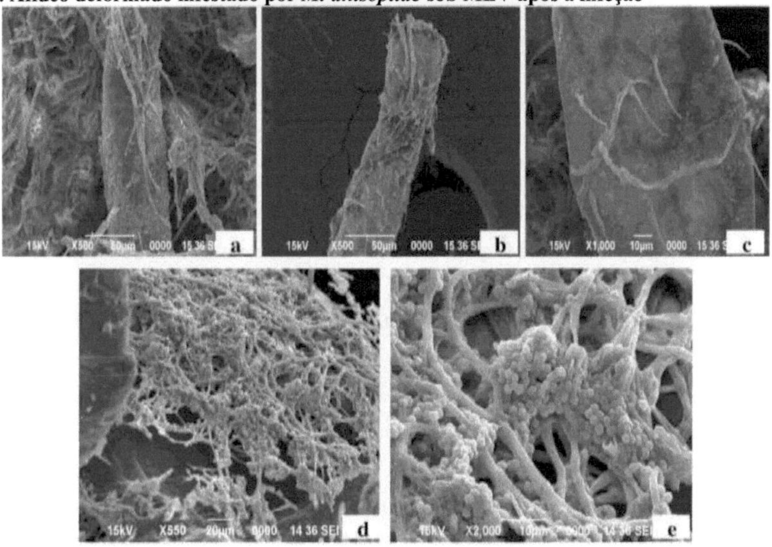

Placa 22 (a-e). Crescimento micelial e conidióforos com conídios no interior do corpo de um pulgão infestado com *M. anisopliae*

a-b. Crescimento micelial de *M. anisopliae* em partes do corpo infectadas

c. Penetração micelial nas partes infectadas

d. Proliferação micelial no interior da célula do afídeo infetado

e. Conidióforos com conídios de *M. anisopliae* no interior de um células do afídeo

CAPÍTULO IV
DISCUSSÃO

Os resultados do presente inquérito são discutidos de forma crítica no capítulo.

5.1 Efeito de adjuvantes e óleos vegetais em bioformulações de *M. anisopliae*

Para estudar o efeito dos adjuvantes e dos óleos no concentrado em suspensão, bem como na formulação líquida, foram testados três adjuvantes: glicerol a 5,0, 8,0 e 10,0 por cento; tween-80 a 0,02, 0,04, 0,06 e 1,0 por cento e óleo de aracnídeo a 1,0, 5,0 e 10,0 por cento e seis óleos, *a* saber foram testados os óleos de girassol, cártamo, soja, mostarda, aracnídeo e coco em três concentrações diferentes, *a saber,* 0,1, 0,5 e 1,0 por cento. Verificou-se que todas as bioformulações alteradas com adjuvantes e óleos apresentaram um melhor desempenho em termos de área de superfície coberta (%) e produção de biomassa (g) do que o controlo não tratado (quadros 1, 2, 3 e 4). Observou-se um aumento da área de superfície coberta (%) e da produção de biomassa (g) de *M. anisopliae* em caldo de dextrose de batata (PDB) com o aumento da concentração de óleos (Quadro 3, 4) e adjuvantes (Quadro 1, 2). Isto pode dever-se à adição de adjuvantes que fornecem humidade para o fungo permanecer ativo durante um período mais longo, uma vez que os adjuvantes não evaporam mais rapidamente (Kaaya *et al.*, 2011). Os adjuvantes podem ajudar a manter a qualidade dos conídios, ou seja, a manter o vigor dos conídios, bem como de outros propágulos. Os óleos e adjuvantes podem acelerar o crescimento micelial e a esporulação do fungo, aumentando assim a área de superfície coberta (%) e a produção de biomassa (g). Burgess, (1998) referiu que a humidade óptima para a germinação de esporos e o crescimento micelial de *M. anisopliae* se situa entre 95 e 100 % de humidade relativa e cessa a 92 % de humidade relativa. No caso do concentrado em suspensão, a adição de óleo ajuda a manter a percentagem de humidade da formulação, o que, em última análise, contribui para o crescimento e o desenvolvimento do fungo.

A adição de óleos nas bioformulações é uma das estratégias para proteger os biopesticidas microbianos em formulações líquidas da degradação solar (Hunt *et al.*, 1994; Moore *et al.,* 1993 e Shah *et al.*, 1998). Legand (2001) referiu que a utilização de formulações à base de óleo parece proporcionar três vantagens importantes em relação à água

As formulações à base de óleo incluem 1) *O Metarhizium anisopliae* var. *acridum* é mais infecioso a baixa humidade em formulações à base de óleo (Bateman *et al.*, 1993 e Prior *et al.*, 1988); 2) as formulações à base de óleo permitem que o biopesticida fúngico seja aplicado num estado dessecado, o que reduz os efeitos do stress térmico (McClatchie *et al.*, 1994; Hedgecock *et al.*, 1995 e Hong *et al.*, 1997, 1998).

5.2 Eficácia de bioformulações de *M. anisopliae* com adjuvante e óleo contra Pulgão da ervilha-de-corda, *Aphis craccivora*

A eficácia da bioformulação de *M. anisopliae* tratada com adjuvante e óleo contra o pulgão da ervilha-de-corda foi efectuada em vasos e em condições de campo. A formulação líquida de *M. anisopliae* emendada com Glicerol (10,0%) + óleo de girassol (0,5%) foi considerada significativamente eficaz, podendo proteger a infestação de folhas até 88,11% e a infestação de rebentos até 95,65%. Seguiu-se o concentrado em suspensão alterado com glicerol (10,0%) + óleo de girassol (1,0%), que protegeu a infestação das folhas até 87,33% e a infestação dos rebentos até 94,95%, respetivamente. Isto pode dever-se ao facto de a adição de óleos e adjuvantes aumentar a infecciosidade dos entomopatogéneos, melhorando a aderência conidial e a persistência prolongada (Meyer *et al.*, 2002 e Visalakshy *et al.*, 2005). Os adjuvantes reduzem a tensão superficial da gota de pulverização, o que ajudará a uma melhor retenção da gota de pulverização na superfície da planta (Somervaille *et al.*, 2012).

Verificou-se que as bioformulações de *M. anisopliae* modificadas com adjuvantes e óleos eram superiores à formulação sem adjuvantes e óleos. A mortalidade mais elevada de pulgões, de 80% e 89,67%, foi registada 30 dias após a pulverização em condições de vaso e de campo, respetivamente. Seguiu-se o concentrado em suspensão alterado com Glicerol (10,0%) + Óleo de girassol (1,0%) que matou 83,67% dos afídeos. A bioformulação alterada com óleos e adjuvantes pode conter conídios mais viáveis devido à redução da dessecação conidial, o que resultou numa maior mortalidade dos afídeos, uma vez que a mortalidade do hospedeiro aumenta com o aumento da viabilidade dos esporos. Peng e Xia (2011) relataram que a formulação de óleo aumentou a virulência de *M. anisopliae* var. *acridum* contra gafanhotos e gafanhotos, reduzindo a dependência de água saturada. A maior infecciosidade dos conídios aéreos de *M. anisopliae* var. *acridum* suspensos em óleo em relação à água a baixa humidade foi relatada por Bateman *et al.*, (1993) e Prior *et al.*, (1988). Além disso, o aumento da infecciosidade dos óleos e adjuvantes alterados na bioformulação pode dever-se a uma maior adesão à cutícula do inseto visado. Os óleos e adjuvantes reduzem a evaporação da pulverização

gotículas e prolongam a vida ativa do bioagente (Kaaya *et al.*, 2011). Os adjuvantes e os óleos também podem afetar a absorção de biopesticidas através da cutícula dos insectos, perturbando fisicamente a superfície através da dissolução de depósitos de cera (Somervaille *et al.*, 2012), o que resulta na morte do inseto. Ibrahim *et al.*, (1999) observaram que os óleos pareciam extrair compostos fungistáticos e estimulantes das cutículas dos insectos. Os óleos e adjuvantes misturam-se bem com a cutícula lipofílica do corpo do inseto em comparação com a água, uma vez que a cutícula é hidrofóbica por natureza (Hedimbi *et al.*, 2011 e Kaaya *et al.*, 2011).

5.3 Eficácia de bioformulações de *M. anisopliae* na incidência da doença do mosaico da ervilha-de-corda

Os vírus, não sendo móveis, são transportados passivamente de um local para outro. O conhecimento do seu modo de transmissão ajuda a controlar a doença por eles causada. Os afídeos transmitem um grande número de doenças virais. Segundo os investigadores, a propagação secundária da doença do mosaico da ervilha-de-corda pode ser eficazmente reduzida através da gestão da população de afídeos abaixo do nível de prejuízo económico, uma vez que o controlo do inseto vetor pode ajudar a controlar a doença viral (Sharma, 2006). Verificou-se que uma pulverização profiláctica de uma formulação líquida de *M. anisopliae* emendada com 10,0 por cento de glicerol e 1,0 por cento de óleo de girassol aos 10 dias após a sementeira e uma curativa aos 25 dias após a sementeira podem controlar eficazmente a doença do mosaico da ervilha-de-corda. Pode proteger a cultura da doença do mosaico da ervilha-de-corda até 96,03%. Seguiu-se o concentrado em suspensão misturado com 10,0 por cento de glicerol e 1,0 por cento de óleo de girassol, que mostrou actividades elevadas no controlo da doença do mosaico da ervilha-de-cheiro em condições de campo, com uma proteção de 82,93 por cento. Foi evidente que a incidência mais elevada da doença foi registada nas plantas de controlo e, em comparação com isso, todos os tratamentos foram considerados significativamente eficazes na redução da doença com um maior rendimento das vagens. O rendimento mais elevado (24,03q/ha) com uma relação custo-benefício de 1: 7,95 foi registado na parcela tratada com formulação líquida alterada com glicerol 10,0 por cento e óleo de girassol 0,5 por cento.

5.4 Estudo das alterações morfológicas de *A. craccivora* devido à infeção por *M. anisopliae*

O presente estudo sobre as alterações morfológicas de *A. craccivora* devido à infeção por *M. anisopliae* em MEV tornou evidente que a cutícula ventral do afídeo infestado foi totalmente distorcida com deformação de todas as partes do corpo. Isto pode dever-se ao modo de ação dos fungos entomopatogénicos que, após o contacto com um potencial hospedeiro, os esporos infecciosos dos fungos entomopatogénicos aderem à cutícula do inseto se o reconhecimento do hospedeiro for positivo (Aidroos e Roberts, 1978) e primeiro rompem a cutícula para entrar no corpo. Agullo *et al.*, (2010) estudaram a infeção de larvas e adultos do gorgulho da palmeira vermelha (*Rhynchophorus ferrugineus*) por *Beauvaria bassiana* utilizando conídios secos e suspensões de conídios através de microscopia eletrónica de varrimento (SEM). Nos estágios iniciais, o estudo de MEV revelou a aquisição de conídios *de B. bassiana* pela ornamentação da cutícula nas pernas, antenas e élitros dos adultos de *R. ferrugineus*. Posteriormente, os conídios germinaram e foram encontrados episódios frequentes de fusão de hifas ou conídios. Apressórios, sinais de adesão e degradação da cutícula levaram à penetração (mesmo direta) e colonização dos hospedeiros de *R. ferrugineus* pelo fungo. Zhang *et al.*, (2010) também relataram que a estrutura penetrante de *M. anisopliae* entrou diretamente através da epicutícula e da exocutícula, sem desenvolvimento lateral.

Nas fotografias SEM, o crescimento micelial e os conidióforos com conídios de *M. anisopliae* foram observados na superfície e no interior do corpo do pulgão infestado. Este crescimento fúngico pode causar danos graves à praga, perturbando as suas principais actividades fisiológicas e resultando na sua morte. Isto deveu-se à penetração de *M. anisopliae* na hemocele e nos corpos gordos. As hifas vegetativas invasoras de *M. anisopliae* consomem o conteúdo da hemolinfa para o seu crescimento e metamorfose. Ao esgotar o conteúdo da hemolinfa, o inseto hospedeiro torna-se moribundo e os fungos esporulam após a morte do hospedeiro. Muitos investigadores suspeitaram que a morte rápida de *M. anisopliae* no seu hospedeiro poderia ser causada por alguns mecanismos enzimáticos ou metabolitos tóxicos produzidos pelo fungo (Jiang *et al.*, 2002, 2003). *O M. anisopliae* produz toxinas como as destruxinas (seis tipos) e as citocalasinas (C e D), que actuam como venenos para os insectos, que são assim mortos (Roberts, 1981). Este ponto de vista é apoiado por Moorhouse (1993) que referiu que a atividade do sistema imunitário do hospedeiro e a resposta do fungo são provavelmente outro fator importante que determina a patogenicidade. Vey *et al.,* (1982) sugeriram que os metabolitos secundários, como a dextruxina, podem deprimir a reação imunitária celular.

O presente estudo mostrou que *o M. anisopliae* é adequado para infetar o *A. craccivora* em condições de campo e tem potencial para ser desenvolvido como uma bioformulação que pode ser utilizada eficazmente contra o *A. craccivora*, vetor da doença do mosaico da ervilha-de-corda. Para além disso, a adição de adjuvantes e óleos à bioformulação de *M. anisopliae* poderia aumentar a eficácia da formulação.

CAPÍTULO V
RESUMO E CONCLUSÃO

O programa de investigação sobre "Bioformulação de *Metarhizium anisopliae* para a gestão da doença do mosaico da ervilha-de-corda" foi levado a cabo durante o período de 2012-2013. No âmbito do programa, foram realizados trabalhos sobre a manutenção da cultura pura do fungo entomopatogénico, a preparação do concentrado em suspensão e a formulação líquida do fungo para testar o efeito dos óleos e adjuvantes no concentrado em suspensão e nas formulações líquidas, para testar a eficácia das bioformulações contra a doença do mosaico da ervilha-de-corda. Foi realizado um estudo de microscopia eletrónica sobre as alterações morfológicas do *Aphis craccivora* infetado com fungos entomopatogénicos, ou seja, *Metarhizium anisopliae*. As principais conclusões obtidas no presente inquérito são as seguintes:

1. Foram preparadas duas bioformulações diferentes de *Metarhizium anisopliae, nomeadamente* uma suspensão concentrada e uma formulação líquida, mantendo a concentração de $1X10^6$ cfu/ml.

2. Para verificar o efeito dos adjuvantes no concentrado em suspensão e na formulação líquida de *M. anisopliae*, foram testados três adjuvantes: glicerol a 5,0, 8,0 e 10,0 por cento; tween-80 a 0,02, 0,04, 0,06 e 1,0 por cento e óleo de aracnídeo a 1,0, 5,0 e 10,0 por cento. Foram efectuadas observações sobre a área de superfície coberta (%) e a produção de biomassa (g) aos 3, 5, 7, 10 e 15 dias após o tratamento. Entre os adjuvantes, o glicerol a 10,0 por cento foi considerado significativamente eficaz, cobrindo a área de superfície mais elevada de 100 por cento e 98,33 por cento com a produção de biomassa mais elevada de 2,86 g e 3,62 g em suspensão concentrada, bem como na formulação líquida, respetivamente. Seguiu-se o glicerol a 8,0 por cento.

3. Para verificar o efeito dos óleos na suspensão concentrada e na formulação líquida de *M. anisopliae*, foram testados seis óleos: óleo de girassol, óleo de cártamo, óleo de soja, óleo de mostarda, óleo de aracnídeo e óleo de coco em três concentrações diferentes: 0,1, 0,5 e 1,0 por cento. Foram efectuadas observações sobre a área de superfície coberta (%) e a produção de biomassa (g) aos 3, 5, 7, 10 e 15 dias após o tratamento. Entre os óleos, o óleo de girassol a 0,5 por cento foi considerado significativamente eficaz, cobrindo a maior área de superfície (100%) com a maior produção de biomassa (4,06 g) na formulação líquida de *M. anisopliae*. Seguiu-se o óleo de cártamo a 1,0 por cento, cobrindo uma área de superfície de 99,67 por cento com produção de biomassa (4,04 g).

No caso do concentrado em suspensão, o óleo de girassol a 1,0 por cento foi considerado altamente promissor, cobrindo a área de superfície mais elevada (100%), bem como a produção de biomassa mais elevada (4,15 g). Seguiu-se o óleo de girassol a 0,5% com uma área de superfície coberta (95,00%) e uma produção de biomassa (3,60 g).

4. Para verificar a eficácia *in vitro* dos adjuvantes e dos óleos, as melhores concentrações foram testadas isoladamente e em combinação umas com as outras. Foram efectuadas observações sobre a área de superfície coberta (%) e a produção de biomassa (g) aos 3, 5, 7, 10 e 15 dias após o tratamento. A formulação líquida suplementada com 10,0 por cento de glicerol e 0,5 por cento de óleo de girassol foi considerada significativamente eficaz, cobrindo a maior área de superfície (98,95%) e a maior produção de biomassa (4,15 g), seguida de um concentrado em suspensão alterado com 10,0 por cento de glicerol +1,0 por cento de óleo

de girassol, com uma área de superfície coberta (98,00%) e produção de biomassa (4,05 g).

5. A eficácia das bioformulações de *M. anisopliae* foi testada contra o pulgão da ervilha-de-cheiro, *Aphis craccivora,* em condições de vaso. O registo da percentagem de infestação foliar e de infestação de rebentos 30 dias após a pulverização revelou que a formulação líquida alterada com 10,0 por cento de glicerol + 0,5 por cento de óleo de girassol podia proteger a infestação foliar mais elevada até 88,11 por cento e a infestação de rebentos até 95,96 por cento. A mortalidade mais elevada de pulgões (80%) foi registada 30 dias após a pulverização, com proteção da propagação secundária da doença do mosaico da ervilha-de-corda até 100%. Seguiu-se a suspensão concentrada alterada com Glicerol 10,0 por cento + Óleo de girassol 1,0 por cento que podia proteger a infestação das folhas até 87,33 por cento e a infestação dos rebentos até 94,95 por cento com 54,91 por cento.

6. A eficácia das bioformulações de *M. anisopliae* foi testada contra o pulgão da ervilha-de-corda em condições de campo. Aos 30 dias após a pulverização, registou-se uma incidência significativamente mais baixa de pulgões, de 1,99%, na formulação líquida emendada com Glicerol 10,0% + óleo de girassol 0,5%, seguida de suspensão concentrada emendada com Glicerol 10,0% + óleo de girassol 1,0%, com 2,50% de incidência de pulgões e 89,67% de mortalidade de pulgões. A formulação líquida emendada com Glicerol 10,0 por cento + óleo de girassol 0,5 por cento foi considerada o melhor tratamento que poderia proteger a cultura da doença do mosaico da ervilha-de-corda até 96,03 por cento, seguida de suspensão concentrada emendada com Glicerol 10,0 por cento + óleo de girassol 1,0 por cento com proteção de 81,40 por cento.

7. Os dados sobre o rendimento de vagens de ervilha-de-corda influenciados por diferentes tratamentos de bioformulações revelaram que o rendimento mais elevado (24,03q/ha) com uma relação custo-benefício de 1: 7,95 foi registado na parcela tratada com formulação líquida alterada com Glicerol 10,0 por cento + óleo de girassol 0,5 por cento. Seguiu-se a pulverização de suspensão concentrada emendada com Glicerol 10,0 por cento + óleo de girassol 1,0 por cento, que resultou em rendimento e relação custo-benefício de 16,83 q/ha e 1: 5,32 respetivamente.

8. *M. anisopliae*, pulgões de ervilha-de-corda infestados (*A. craccivora*) foram recolhidos, observados ao microscópio eletrónico de varrimento (SEM) e foram tiradas fotografias SEM para estudar as alterações morfológicas detalhadas do pulgão devido à infeção por *M. anisopliae*. A partir deste estudo, ficou evidente que o crescimento micelial e os conidióforos com conídios de *M. anisopliae* cobriam a superfície e penetravam no interior do corpo do pulgão infestado, causando sérios danos à praga, perturbando as suas principais actividades fisiológicas e resultando na sua morte.

CONCLUSÃO

Os entomopatogénios são potenciais agentes de biocontrolo que podem ser um componente importante da "Agricultura Biológica". A concentração de qualquer organismo tem de ser formulada de modo a poder ser utilizada pelos utilizadores finais. Todas as formulações podem não ser úteis para todas as pragas das culturas. Por isso, é necessário modificá-las com certos aditivos, como adjuvantes e óleos, que podem aumentar a eficácia da formulação. Com a bioformulação adequada de fungos entomopatogénicos, *M. anisopliae*, é certo que continuará a desempenhar um papel importante na gestão integrada de pragas (IPM).

Estratégias de investigação futuras

9. É necessário efetuar estudos sobre o prazo de validade de ambas as bioformulações para que estas possam ser comercializadas e disponibilizadas aos utilizadores finais.

10. É necessário investigar a persistência e a viabilidade de *M. anisopliae* no ecossistema para saber durante quanto tempo pode persistir no ambiente.

11. Poderá ser feito um estudo de microscopia eletrónica de transmissão (TEM) para estudar a forma como *M. anisopliae* penetra e se multiplica no interior do corpo do afídeo.

12. O estudo da bioeficácia de *M. anisopliae* na hemolinfa dos insectos é outra área de investigação.

BIBLIOGRAFIA

Abbott, W.S. (1925). Um método para calcular a eficácia de um inseticida. *J. Econ. Entomol.* **18** : 265-267.

Agullo, B.; Vidal, S.; Asensio, L.; Barranco, P. e Llorca, L. (2010). Infeção do gorgulho da palmeira vermelha (*Rhynchophorus ferrugineus*) pelo fungo entomopatogénico *Beauveria bassiana*: Um Estudo SEM. *Micro. Res. and Tech.*

Aikins, S.H.M. e Afuakwa, J.J. (2008). Respostas de crescimento e rendimento de matéria seca da ervilha-de-corda a diferentes profundidades de sementeira. *ARPN J. Agril. Biol. Sci.* **3**(5 & 6) : 50-54.

Al-Aidroos, K. e Roberts, D.W. (1978). Mutantes de *Metarhizium anisopliae* com maior virulência para larvas de mosquito. *Can. J. Genet. Cytol.* **20** (2) : 211-219.

Ambethgar, V. (1991). Bioquímica das epizootias do fungo *Pandora delphacis* (Hort.) Humber no fungo da planta castanha do arroz, *Nilaparvata lugens* (Stal), M.Sc. (Agri). Tese, Universidade de Annamalai, Tamil Nadu, Índia.

Amsellem, Z.; Sharon, A.; Gressel, J. e Quimby, P.C. (1990). Abolição completa do limiar de inóculos elevados de dois micoherbicidas (*Alternaria cassiae* e *A. crassa*) quando aplicados em emulsão invertida. *Phytopathol.* **80** : 925-929.

Anónimo (2009). Pacote de Práticas - Culturas Kharif de Assam. Universidade Agrícola de Assam e Departamento de Agricultura, Assam.

Batta, Y.A. (2003). Produção e teste de novas formulações do fungo entomopatogénico *Metarhizium anisopliae* (Metschinkoff) Sorokin (Deuteromycotina: Hyphomycetes). *Crop Prot.* **22** : 415-422.

Bateman, R.P.; Carey, M.; Moore, D. e Prior, C. (1993). O aumento da infecciosidade do *Metarhizium flavoviride* em formulação oleosa para o gafanhoto do deserto a baixas humidades. *Ann. Appl. Biol.* **122** : 145-152.

Bateman, R.P. (1997). Métodos de aplicação de formulações microbianas de pesticidas para o controlo de gafanhotos e gafanhotos. *Memo. Entomol. Soc. Can.* **171** : 67-79.

Bateman, R.P. e Alves, R.T. (2000). Sistemas de entrega para micoinseticidas usando formulações à base de óleo. *Asp. App. Biol.* **57** : 163-170.

Behncken, G.M. e Maleevsky, L. (1977). Deteção do vírus do mosaico transmitido pelo afídeo da ervilha-de-corda em Queensland. *Augt. J. Exp. Arg.* **17**(87) : 674-678.

Bock, K.R. e Conti, M. (1974). Cow pea aphid-borne mosaic virus. Description of Plant Viruses, n.º 134, Kew, Surrey, Inglaterra.

Boucias, D.G. e Pendland, J.C. (1984). Reconhecimento do hospedeiro e especificidade dos fungos entomopatogénicos. **In**: *Infection Processes of Fungi* (D.W. Roberts e J. R. Aist, Eds.). Fundação Rockefeller. Nova Iorque, pp. 185-196.

Burges, H.D. (1981). Progress in the microbial control of pests. **In**: *Microbial Control of Pests and Plant Diseases*, 1970-1980. (Ed. H.D. Burges), Academic Press, Londres, pp. 1-6.

Burges, H.D. (1998). Formulação de micoinsecticidas. **In**: *Formulation of Microbial Biopesticides*, (Ed. H.D. Burges). Kluwer Academic Publishers Dordrecht, pp. 131-185.

Butt, T.M.; Ibrahim, L.; Clark, S.J. e Beckett, A. (1995). O comportamento de germinação de *Metarhizium anisopliae* na superfície das cutículas de pulgões e besouros. *Mycol. Res.* **99**(8) : 945-950.

Charnley, A.K. (1984). Aspectos fisiológicos da patogénese destrutiva em insectos por fungos: uma revisão especulativa. **In:** *Anderson*, (Eds. J.M., Rayner, A.D.M. e Walton, D.W.H.). Cambridge University Press, Cambridge, Reino Unido, pp. 229-270.

Chavan, B.C. e Kadam, J.R. (2008). Efeito de vários adjuvantes no crescimento e desenvolvimento do fungo entomopatogénico, *Verticillium lecanii (Zimmermann)*Viegas. *J. Biol. Ctrl.* **22**(2) : 375-381.

Chavan, B.C. e Kadam, J.R. (2009). Effect of combination of adjuvants on liquid formulations of *Verticillium lecanii* (Zimmermann) Viegas and their efficacy [Efeito da combinação de adjuvantes em formulações líquidas de *Verticillium lecanii* (Zimmermann) Viegas e sua eficácia]. *J. Biol. Ctrl.* **23**(1) : 73-77.

Coleman, J.R. e Terepka, A.R. (1974). Métodos preparatórios para análise por sonda eletrónica. **In**: MA Hayat (Ed.). Principles and Techniques of Electron microscopy. Van Nostrand Reinhold, Nova Iorque.

Das, B.C.; Das, B.K.; Dutta, Pranab. e Sarmah, D.K. (2006). Bioformulação de *TrichodermaharzianumRifai* para a gestão da podridão do caule da soja
causada por *Rhizoctonia solani* Kuhn. *J. Biol. Ctrl.* **20**(1) : 57-64.

Dutta, Pranab; Pegu, J.R. e Puzari, K.C. (2013). Situação atual e perspectivas futuras dos fungos entomopatogénicos no Nordeste da Índia. *KAVAKA* **41** : 75-86.

Fargues, J.; Reisinger, O.; Robert, P.H. e Aubart, C. (1983). Biodegradação de entomoatphogens

hyphomycetes. Influência do revestimento de argila na sobrevivência de blastosporos de *Beauveria bassiana* no solo. *J. Inverteb. Pathol.* **41** : 131-142.
Faria, M.R., e Wraight, S.P. (2007). Micoinsecticidas e micoacaricidas: Uma lista abrangente com cobertura mundial e classificação internacional de tipos de formulação. *Biol. Cotrl.* **43** : 237-256.
Ferron, P. (1981). Controlo de pragas pelos fungos *Beauveria Metarhizium*. **In:** *Microbial control of pests and plant disease,* (Ed. H.D. Burges). Academic Press, Londres e Nova Iorque, pp. 465-482.
Figueiredo, M.; Marques, E.J.; Lima, R. e Oliveria, J.V. (2002). Triagem de isolados de *Beauvaria bassiana* (Bals) Vuill e *Metarhizium anisopliae* (Metsch) Sorokin contra a broca gigante da cana-de-açúcar Castina licus (Drury) (Lepidoptera: Castinidae). *Neotrop. Entomol.* **31**(3) : 397-403.
Fogal, W.H.; Mittal, R.K. e Thurston, G.S. (1986). Avaliação da produção e da qualidade de *Beauverea bassiana* para o controlo de insectos de cones e sementes de abeto branco. *Relatório de informação,* Instituto Florestal Nacional de Petawana, Ontário, Canadá, p. 15.
Foster, W.A. (1975). História de vida e biologia populacional de um pulgão intertidal, *Pemphigus trehernei* Foster. *Trans. Royal. Entomol. Soc.* **127** : 192 - 207.
Gabarty, A.; Salem, H.M.; Fouda, M.A.; Abas, A.A. e Ibrahim, A.A. (2014). Patogenicidade induzida pelos fungos entomopatogénicos *Beauveria bassiana* e *Metarhizium anisopliae* em Agrotis ipsilon (Hufn.). *J. Radiatn. Res. App. Sci.* **7** : 95-100.
Hall, R.A. e Burges, H.D. (1979). Controlo de afídeos em estufas de vidro por *Verticillium lecanii*. *Ann. Appl. Biol.* **93** : 239-246.
Hall, R.A. (1980). Efeito da humidade relativa na sobrevivência de conidióforos lavados e não lavados de *Verticillium lecanii. Ata Oecologia.* **1** : 265-273.
Hall, R.A. (1982). Controlo da mosca branca, *Trialeurodes vaporariorum* e do pulgão do algodão, *Aphis gossypii*, em estufa por *Verticillium lecanii. Ann. App. Biol.* **101** : 1-11.
Hedgecock, S.; Moore, D.; Higgins, P.M. e Prior, C. (1995). Influência do teor de humidade na tolerância à temperatura e armazenamento de conídios de *Metarhizium flavoviride* numa formulação de óleo. *Bioctrl. Sci. Technol.* **5** : 371-377.
Hedimbi, M.; Godwin P.; Kaaya, G.P.; Michael Samish, M.; Gindin, G. e Glazer, I. (2011). Patogenicidade do fungo entomopatogénico *Metarhizium anisopliae* para a carraça de patas vermelhas, *Rhipicephalus evertsi evertsi. J. Entomol. Nematol.* **3**(5) : 68-72.
Hoe, P.K.; Bong, C.F.; Jugah, K. e Rajan, A. (2009). Avaliação de *Metarhizium anisopliae* var. *anisopliae* (Deuteromycotina: Hyphomycete). *American. J. Agril. Biol. Sci.* **4**(4) : 289-297.
Hofstein, R. e Chapple, A. (1998). Desenvolvimento comercial de biofungicidas. **In**: *Biopesticides: Use and Delivery*, (Eds. F.R. Hall & J.J. Menn). Humana Press, Totowa, NJ, EUA. **6** : 77-102.
Hong, T.D.; Ellis, R.H. e Moore, D. (1997). Desenvolvimento de um modelo para prever o efeito da temperatura e da humidade na longevidade dos esporos de fungos. *Ann. Bot.* **79** : 121-128.
Hong, T.D.; Jenkins, N.E.; Ellis, R.H. e Moore, D. (1998). Limites da relação logarítmica negativa entre o teor de humidade e a longevidade dos conídios de *Metarhizium flavoviride. Ann.Bot.* **81** : 625-630.
Huguenot, C.; Furneaux, M.T.; Thottappilly, G. Rossel, H.W. e Hamilton, R.I. (1993). Evidência de que os vírus do mosaico transmitido pelo afídeo da ervilha-de-corda e do mosaico da ervilha-de-corda são dois potyvírus diferentes. *J. Gen. Virol. 74 :* 335-340.
Hunt, T.R.; Moore, D.; Higgins, P.M. e Prior, C. (1994). Efeito de protectores solares, irradiância e períodos de repouso na germinação de conídios de *Metarhizium flavoviride. Entomophaga. 39*(3/4) : 313-322.
Ibrahim, L.; Butt, T.M.; Beckett, A. e Clark, S.J. (1999). A germinação de conídios formulados em óleo do inseto patogénico *Metarhizium anisopliae. Mycol. Res. **103*** : 901-907.
Inglis, G.D.; Goettel, M.S. e Johnson, D.L. (1993). Persistência do fungo entomopatogénico, *Beauveria bassiana,* em filoplanos de erva de trigo com crista e luzerna. *Biol. Ctrl. 5* : 581-590.
Inglis, G.D.; Johnson, D.L. e Goettel, M.S. (1996). Efeito do substrato e da formulação do isco na infeção de ninfas de gafanhoto por *Beauveria bassiana. Bioctrl. Sci. Technol. 6* : 35-50.
Jackson, M.A.; Dunlap, C.A. e Jaronski, S.T. (2010). Considerações ecológicas na produção e formulação de entomopatógenos fúngicos para uso no biocontrole de insetos. *Bio. Control. 55* : 129-145.
Jenkins, N.E. e Thomas, M.B. (1996). Efeito da formulação e do método de aplicação na eficácia dos conídios aéreos e submersos de *Metarhizium flavoviride* para o controlo de gafanhotos e gafanhotos. *Pestic. Sci. 46* : 299-306.
Jiang, S.; James, R.F. e Gregg, H. (2002). Esporulação de *Metarhizium anisopliae* e *Beauveria bassiana* em *Coptotermes formosanus* e *in vitro*. *J. Invert. Pathol. 81* : 78-85.
Jiang, S.; James, R.F. e Gregg, H. (2003). Effect of virulence, sporulation, temperature on *Metarhizium anisopliae* and *Beauveria bassiana* laboratory transmission in *Coptotermes formosanus. J. Invert. Pathol. **84***

: 38-46.
Johnson, D.L. e Goettel, M.S. (1993). Redução das populações de gafanhotos após a aplicação no terreno do fungo *Beauveria bassiana*. *Bioctrl. Sci. Technol.* ***3*** :165-175.
Kaaya, G.P.; Samish, M.; Hedimbi. M.; Gindin, G. e Glazer, I. (2011). Controlo de populações de carraças através da pulverização de conídios de *Metarhizium anisopliae* em bovinos em condições de campo. *Exp. Appl. Acarol.* ***55***(3) : 273-281.
Kaaya, G.P. e Hedimbi, M. (2012). A utilização de fungos entomopatogénicos, *Beauveria bassiana e Metarhizium anisopliae*, como biopesticidas para o controlo de carraças. *Intl. J. Agril. Sci.* ***2***(6) : 245-250.
Kerwin, J.L. (1983). Regulação dos ácidos gordos da germinação de conídios de *Erynia variabilis* em adultos e puparia da mosca doméstica menor, *Fannia canicularis*. *Can. J. Microbiol.* ***30*** : 158.
Kramer, J.P. e Steinkraus, D.C. (1987). Indução experimental da micose causada por Entomophthora muscae numa população de moscas domésticas (*Musca domestica*) num edifício avícola. *J. New York. Entomol. Soc.* **95** : 114-117.
Ladipo, J.L. (1976). Uma estirpe com bandas nas veias do vírus do mosaico transmitido pelo afídeo da ervilha-de-corda na Nigéria. *J. Sci.* **10**(1-2) : 77-88.
Latch, G.C.M. e Falloon, R.E. (1976).Estudos sobre a utilização de *Metarhizium anisopliae* no controlo de *Oryctes rhinoceros*. *Entomophaga*. **21**(1) : 39-48.
Legand, J.E. (2001). Formulações tolerantes ao stress ambiental de *Metarhizium anisopliae* var. *acridum* para controlo do gafanhoto do deserto africano (*Schistocerca gregaria*). Dissertação apresentada à Faculdade do Instituto Politécnico e Universidade Estatal da Virgínia em cumprimento dos requisitos para o grau de Doutor em Filosofia, pp. 173.
Lovisolo, O. e Conti, M. (1966). Identificação de um vírus do mosaico da ervilha-de-corda transmitido por afídeos. *Nether. J. Pl. Pathol.* **72** : 265-269.
Mali, V.R. e Kulthe, K.S. (1980). Um potyvirus transmitido por sementes que causa o mosaico da ervilha-de-corda na Índia. *Pl. Dis.* **64** : 925-928.
Maranga, R.O.; Kaaya, G.P.; Mueke, J.M. e Hassanali, A. (2005). Efeitos da combinação dos fungos *Beauveria bassiana* e *Metarhizium anisopliae* na mortalidade da carraça *Amblyomma variegatum* (Ixodidae) em relação às mudanças sazonais. *Mycopathol.* **159** : 527-532.
McCoy, C.W.; Samson, R.A. e Boucias, D.G. (1988). Fungos entomogénicos, **In**: *Handbook of Natural Pesticides*, Vol. 5, Microbial Insecticides, Part A, Entomogenous Protozoa and Fungi, (Ed. C.M. Iqnoffo). CRC, Press, BocaRaton, Florida, EUA, pp. 151-236.
McClatchie, G.; Moore, D.; Bateman, R.P. e Prior, C. (1994). Efeitos da temperatura sobre a viabilidade dos conídios de *Metarhizium flavoviride* em formulações de óleo. *Mycol. Res.* **98** : 749-756.
Meyer, U.; Sermann, H. e Buettner, C. (2002). Adesão de esporos de fungos entomopatogénicos a larvas de *Frankliniella occidentalis* (Pergande, 1895) (Thysanoptera:Thripidae). 54th Simpósio Internacional sobre Proteção das Culturas, Parte II, Gent, Bélgica, pp. 601-607.
Moino, A.; Alves, S.B.; Lopes, R.B.; Oliveira, P.M.; Neves, J.; Pereira, R.M. e Vieira, S.A. (2002). Desenvolvimento externo dos fungos entomopatogénicos *Beauveria bassiana* e *Metarhizium anisopliae* na térmita subterrânea *Heterotermes tenuis*. *Scientia. Agricola.* **59**(2) : 267-273.
Moor, D. e Prior, C. (1993). O potencial do mycoinsecticide. *Biocontrolo. Notícias. Info.* **14** : 31-40.
Moore, D.; Douro-Kpindou, O.K.; Jenkins, N.E. e Lomer, C.J. (1996). Efeito do teor de humidade e da temperatura no armazenamento de conídios de *Metarhizium flavoviridae*. *Bioctrl. Sci. Technol.* **6** : 51-61.
Moore, D.; Bridge, P.D.; Higgins, P.M.; Bateman, R.P. e Prior, C. (1993). Ultraviolet radiation damage to *Metarhizium flavoviride* conidia and the protection given by vegetable and mineral oils and chemical sunscreens. *Ann. Appl. Biol.* **122** : 605-616.
Mullens, B.A., Rodriguez, J.L., e Meyer, J.A. (1987). Um estudo epizootiológico de *Entomophthora muscae* em populações de moscas muscóides em instalações avícolas do sul da Califórnia, com ênfase em *Musca domestica. Hilgardia.* **55** : 1.
Nadeau, M.P.; Dunphy, G.B. e Boisvert, J.L. (1996). Desenvolvimento de *Erynia conica* (Zygomycetes: Entomophthorales) na cutícula das moscas pretas adultas *Simulium rostratum* e *Simulium decorum* (Diptera: Simuliidae). *J. Invertbrt. Pathol.* **68** : 50-58.
Nahar, P.; Yadav, P.; Kulye, M.; Hadapad, A.; Hassani, M.; Tuor, U.; Keller, S.; Chandele, A.G.; Thomas, B. e Deshpande, M.V. (2004). Avaliação de isolados fúngicos autóctones, *Metarhizium anisopliae* M34412, *Beauveria bassiana* B3301 e *Nomuraea rileyi* N812 para o controlo de *Helicoverpa armigera* (Hubner) em campos de feijão-frade. *J. Biol. Ctrl.* **18**(1) : 1-8.
Nariani, T.K. e Kandaswamy, T.K. (1961). Estudos sobre uma doença em mosaico da ervilha-de-corda (*Vigna sinensis* Savi.). *Indian. Phytopath.* **14** : 77-82.

Newman, G.G. e Carner, G.R. (1975). Factores ambientais que afectam a esporulação conidial e a germinação de *Entomophthora gammae. Environ. Entomol.* **4** : 615- 618.
Padmaja, V. e Kaur, G. (2001). Patogenicidade de *Metarhizium anisopliae* (Metschn.) Sorokin para a folha de arroz, *Cnaphalocrosis medinalis* (Guence). *J. Biol. Ctrl.* **15**(2) : 201-203.
Patel, K.C.; Patel, A.G.; Yadav, D.N.; Dube, H.C. e Patel, R.J. (1988). Preliminary studies on the pathogenicity of *Metarhizium anisopliae* (Metschn.) Sorokin var. anisopliae to cutworm *Agrotis segetum* (Schift). *J. Biol. Ctrl.* **2**(1) : 32-34.
Pedras, M.S.C.; Zaharia, L.I.; Ward, D.E. (2002). As destruxinas: síntese, biossíntese, biotransformação e atividade biológica. *Phytochem.* **59** : 579-596.
Pegu, J.R.; Dutta, Pranab.; Puzari, K.C.; Nath, P.D. e Das, P. (2012). Primeiro relatório de *Metarhizium anisopliae* (Metchinkoff) Sorokin sobre o pulgão da ervilha-de-corda (*Aphis craccivora* Koch) (Homoptera: Aphididae) do Nordeste da Índia. *J. Mycol. Pl. Pathol.* **42**(1) : 174-175.
Peng, G. e Xia, Y. (2011). O mecanismo dos diluentes micoinseticidas sobre a eficácia da formulação de óleo de fungo inseticida. *Bio. Ctrl.* **56** : 893-902.
Pio-Ribeiro, G.; Pappu, S.S.; Pappu, H.R.; Andrade, G.P. e Reddy, D.V.R. (2000). Ocorrência do Cow pea aphid-borne mosaic *virus* em amendoim no Brasil. *Pl. Dis.* **84** : 760-766.
Puzari, K.C.; Hazarika, L.K.; Dutta, Pranab. e Das, P. (2003). Prazo de validade e aumento da virulência de Beauveria bassiana. *Ind. J. Agril. Sci.* **73**(10) : 542-545.
Prior, C.; Jollands, P. e Le Patourel, G. (1988). Infectividade de formulações em óleo e água de *Beauveria bassiana* (Deuteromycotina; Hyphomycetes) para a praga do gorgulho do cacau *Pantorhytes plutus* (Coleoptera: Curculionidae). *J. Inverteb. Pathol.* **52** : 66-72.
Quintela, E.D. e McCoy, C.W. (1997). Aumento da patogenicidade dos instares de *Metarhizium anisopliae* e *Beauverea bassiana* de *Diaprepes abbreviatos* (Coleoptera: Curculionidae) com doses subletais de imidaclopride. *Environ. Entomol.* **26** : 1173-1182.
Raheja, A.K. e Leleji, O.I. (1974). Uma doença de mosaico transmitida por afídeos de ervilhas de vaca irrigadas no norte da Nigéria. *Pl. Dis.* **58** : 1080-1084.
Roberts, D.W. (1981). Toxinas de fungos entomopatogénicos. **In:** *Microbial control of pests and plant diseases.* (Ed. H.D. Burges). London: Academic Press. pp 441-464.
Roberts, D.W. e Campbell, A.S. (1977). Estabilidade dos fungos entomopatogénicos. *J. Inverteb. Pathol.* **6** : 112-116.
Rombach, M.C.; Aguda, R.M.; Shepard, B.M. e Roberts, D.W. (1986). Infeção do funil da planta castanha do arroz, *Nilaparvata lugens* (Homoptera: Delphacidae) pela aplicação no campo de Hyphomycetes entomopatogénicos (Deu- teromycotina). *Environ. Entomol.* **15** : 1070-1073.
Sahayaraj, K. e Borgio, J.F. (2010). Avaliação da virulência do fungo entomopatogénico *Metarhizium anisopliae* (Metsch.) Sorokin (Deuter.: Hyphomycetes) em sete insectos pragas. *In. J. Agric. Sci.* **44** : 195-200.
Sandrin, T.R.; Tebeest, D.O. and Weidemann, G.J. (2003) Soybean and sunflower oils increase the infectivity of *Colletotrichum gloeosporioides* f. sp aeschynomene. *Biol. Control.* **26** : 244-252.
Sarmah, P.D. (2006). Doenças das plantas (Ed. P.D. Sarmah). *Narosa Publishing House*, Nova Deli, pp. 19.1-19.54.
Sastry, K.S. (2013). Vírus de Plantas e Doenças Viroides nos Trópicos. *Sping. Sci.* **1** : 1-361.
Shah, P.A.; Douro-Kpindou, O.K.; Sidibe, A.; Dafffe, C.O.; Van Der Pauuw, H. e Lomer, C.J. (1998). Efeitos do protetor solar oxibenzona na eficácia no terreno e na persistência de conídios de *Metarhizium flavoviride* contra *Kraussella amabile* (Orthoptera: Acrididae) no Mali, África Ocidental. *Bioctrl. Sci. Technol.* **8** : 357-364.
Shimazu, M. (1977). Factores que afectam a germinação conidial de *Entomophthora del phacis* Hori. *App. Entomol. Zool.* **12** : 260.
Shoyinka, S.A.; Thottappilly, G.; Adebayo, G.G. e Anno-Nyako, F.O. (1997). Inquérito sobre a incidência e distribuição do vírus da ervilha-de-corda na Nigéria. *Intl. J. Pes. Mana.* **43**(2) : 127-132.
Somervaille, A.; Gordon, B.; Green, V.; Burgis, M. e Henderson, R. (2012). Adjuvantes - Óleos, surfactantes e outros aditivos para produtos químicos agrícolas. Grains Research and Development Corporation, p. 48.
Smith, P.A. (1997). As formulações em óleo e emulsão de um agente de controlo microbiano aumentam a potência contra uma gama mais vasta de fases de vida das pragas. *Phytopara.* **25**(Suppl.) : 93-100.
Strasser, H.; Vey, A. e Butt, T.M. (2000). Existem riscos na utilização de fungos entomopatogénicos para o controlo de pragas, com especial referência aos metabolitos bioactivos de espécies de *Metarhizium, Tolypocladium* e *Beauveria*? *Bioctrl. Sci. Technol.* **10** : 717-735.
St. Leger, R.J.; Charmley, A.K. e Cooper, R.M. (1988). Produção de pigmentos polifenólicos e fenoloxidase pelo entomopatógeno, *Metarhizium anisopliae. J. Inverteb. Pathol.* **53** : 211-215.

St. Leger, R.J.; Frank, D.C.; Roberts, D.W. e Staples, R.C. (1992). Clonagem molecular e análise regulamentar do gene estrutural da protease degradadora de cutícula do fungo entomopatogénico *Metarhizium anisopliae. European J. Biochem.* **204** : 991-1001.
Thomas, M.B.; Cbongboui, C. e Lomer, C.J. (1996). Sobrevivência entre estações do agente patogénico do gafanhoto *Metarhizium flavoviride* no Sahel. *Bioctrl. Sci. Technol.* **6** : 569-573.
Tulloch, M. (1976). O género *Metarhizium. Trans British Mycol. Soci.* **66**: 407-411.
Uchida, R.; Imasato, R.; Yamaguchi, Y.; Masuma, R.; Shiomi, J.; Tomoda, H. e Omura, S. (2005). Novos antibióticos insecticidas, hidroxifungerinas A e B, produzidos por *Metarhizium* sp. FKI-1079. *J. Antibio. (Tóquio).* **58** : 804-809.
Ujjan, A.A. e Shahzad, S. (2007). Patogenicidade de *Metarhizium anisopliae* Var. Acridum strins on Pink hibiscus mealy bug (*Maconellicoccus hirsutus)* affecting cotton crop. *Pak. J. Bot.* **39**(3) : 967-973.
Verhaar, M.A.; Hijwegen, T. e Zadoks, J.C. (1999). Melhoria da eficácia de *Verticillium lecanii* utilizado no biocontrolo de *Sphaerothecea fuliginea* através da adição de formulações de óleo. *Bioctrl.* **44** : 73-87.
Vey, A.; Fraques, J. e Robert, P. (1982). Estudos histológicos e ultra-estruturais dos factores que determinam a especificidade dos patótipos do fungo *Metarhizium anisopliae* para as larvas de escarabeis. *Entomophaga.* **24** : 387-397.
Vey, A.; Hoagland, R. e Butt, T.M. (2001). Metabolitos tóxicos de agentes de biocontrolo fúngicos. Fungi as biocontrol agents: progress, problems and potential. CABI International, pp 311-346.
Visalakshy, P.N.; Krishnamoorthy, A. e Kumar, A.M. (2005). Compatibilidade de óleos vegetais e aditivos com *Paecilomyces farinosus, um potencial* fungo entomopatogénico.
Woods, S.P. e Grula, E.A. (1984). Nutrientes de superfície utilizáveis em *Heliothis zea* disponíveis para o crescimento de *Beauveria bassiana. J. Inverteb. Pathol.* **43** : 259-269.
Zhang, X.; Yang, Y. e Zhang, L. (2010). Ultra-estrutura do fungo entomopatogénico *Metarhizium anisopliae* durante a penetração da cutícula no gafanhoto, *Locusta migratoria* (Insecta: Acrididae). *J. Orthopt. Res.* **19**(1) : 115-119.
Zohri, A.A.; Khyria, A.B.D. e Gawad, E.I. (1992). Investigação, produção e micotoxinas de cultivares de ervilha-de-corda. *Kor. Mycol.* **20** : 252-258.

APÊNDICE I

Dados meteorológicos para o período de experimentação durante 2013-2014
Estação : Jorhat
Ano : 2013-2014

Mês	Temperatura		Humidade relativa (%)		Precipitação total (mm)	Evaporação (mm)	Velocidade do vento (Km/hr)	BSSH	N.º de dias de chuva
	Máximo	Mínimo	Manhã	Noite					
Jan, 13	23.3	8.3	90	54	0.5	1.2	1.4	6.1	1
Fev, 13	27.7	12.1	91	48	9.3	1.9	1.8	7.1	1
Mar, 13	29.2	16.8	89	47	64.8	2.5	2.6	5.3	9
Abr, 13	28.3	18.6	93	63	148.9	2.4	3.3	4.5	11
maio, 13	30.2	23.5	92	71	328.3	3.3	3.1	5.0	22
Jun, 13	33.2	25.4	90	71	303.7	3.2	2.5	5.6	17
julho, 13	32.8	25.8	93	75	493.6	2.6	2.7	4.2	25
Ago, 13	32.5	25.4	94	75	386.1	2.8	2.5	5.2	22
Set, 13	32.5	24.4	91	72	83.2	2.5	2.1	5.3	8
Out, 13	29.9	22.2	93	72	156.9	2.1	1.5	4.9	9
Nov, 13	27.4	13.8	95	62	0.0	1.6	1.1	8	0
Dez, 13	24.1	11.4	97	62	1.0	1.2	1.0	5.1	1
Jan, 14	23.8	10.1	88	61	53.0	1.1	1.2	5.7	2
Fev, 14	24.7	12.2	94	58	36.1	1.5	1.6	5.4	4
Mar, 14	28.3	16	90	54	67.6	2.4	2	5.3	6
Abr, 14	30.8	19.5	88	49	31.0	3.3	2.7	6.2	6
maio, 14	30.1	23.7	93	75	203.9	2.9	2.8	4.3	18

MIX
Papier aus verantwortungsvollen Quellen
Paper from responsible sources
FSC® C105338

Printed by Books on Demand GmbH, Norderstedt / Germany